普通高等教育“十四五”规划教材

# 生物化学实验指导

焦显芹　韩莹倩　主　编

U0951381

中国农业大学出版社
·北京·

## 内容简介

本教材共收集了46个实验项目。系统介绍了生物技术中常用仪器设备的构造和使用方法，各类生物大分子的性质、分离制备及检测方法等内容，将重点知识提炼成综合性、设计性的实验项目。书中部分实验项目配套数字化资源（视频、PPT），使教学形式多样化、生动化，提高学习的便捷性和高效性。附录包含了生物化学实验中常用试剂的配制方法，常见物质的理化性质等内容。

本教材根据《生物化学》理论知识体系编写，以章为单元，本着满足课程建设，培养学生的实践动手能力、解决实际问题能力、科学思维能力等人才培养宗旨编写。

**图书在版编目(CIP)数据**

生物化学实验指导/焦显芹，韩莹倩主编．--北京：中国农业大学出版社，2024.9.
ISBN 978-7-5655-3309-9

Ⅰ. Q5-33

中国国家版本馆CIP数据核字第20242YL971号

**书　名**　生物化学实验指导

**作　者**　焦显芹　韩莹倩　主编

**策划编辑**　康昊婷　李卫峰　　**责任编辑**　李卫峰

**封面设计**　中通世奥图文设计

**出版发行**　中国农业大学出版社

**社　址**　北京市海淀区圆明园西路2号　　**邮政编码**　100193

**电　话**　发行部 010-62733489,1190　　读者服务部 010-62732336

编辑部 010-62732617,2618　　出　版　部 010-62733440

**网　址**　http://www.caupress.cn　　**E-mail** cbsszs@cau.edu.cn

**经　销**　新华书店

**印　刷**　北京溢漾印刷有限公司

**版　次**　2024年9月第1版　2024年9月第1次印刷

**规　格**　185 mm×260 mm　16开本　10.75印张　265千字

**定　价**　39.00元

**图书如有质量问题本社发行部负责调换**

# 编写人员

**主　编**　焦显芹（河南农业大学）
韩莹倩（河南农业大学）
**副主编**　李　京（河南牧业经济学院）
钟　凯（河南农业大学）
杜海利（河南农业大学）

# 前　言

生物化学是生命科学的核心，也是大生命科学类相关专业的基础课程，实践性很强。生物化学理论知识体系的发展和创新都是建立在实验研究基础上的。许多高校的相关专业非常重视生物化学实验课程的教学，不少生物相关专业将生物化学实验作为一门独立的课程开设。

党的二十大报告提出要“加强教材建设和管理”，将教材建设作为深化教育领域综合改革的重要环节。生物化学是生物学、医学、农学、食品科学等专业学生的专业基础课。随着生物技术的发展，目前生物化学实验教材种类繁多，包含的内容更加丰富，但其中不少实验项目在实验教学中不容易实现，或者与其他实验课程有重复的内容。本教材在编写过程中，根据一般院校具备的条件，每章选择一些代表性强、内容成熟的基础实验。基础实验内容简明、结果直观。目的在于通过实验使学生掌握生物化学基本原理，熟悉基本操作，提高学生动手能力，加深理论知识的理解和应用。实验项目中配合一些综合性、设计性及创新性实验内容。学生通过实验课程的锻炼，提高了实验技能及综合解决问题的能力，科学思维及创新能力也进一步得到锻炼和提高。

第一章、第三章及部分附录内容由焦显芹编写；第四章和第五章内容由韩莹倩和钟凯编写；第二章和第四章部分内容及部分附录由李京和杜海利编写，视频等数字材料由李京、焦显芹、钟凯提供。在此感谢各位编者的辛苦付出和配合。

由于我们水平有限，书中难免存在错误和不足之处，敬请使用本书的师生和其他读者批评指正。

编　者

2024 年 5 月

# 目 录

第一章 生物化学常用基本实验技术 …… 1
实验 1 微量移液器的使用 …… 1
实验 2 离心技术 …… 5
实验 3 分光光度技术 …… 9
实验 4 电泳技术 …… 14
实验 5 层析技术 …… 17
第二章 糖和脂类 …… 23
实验 1 糖的颜色反应——莫氏实验 …… 23
实验 2 糖的颜色反应——塞氏实验 …… 25
实验 3 糖的颜色反应——杜氏实验 …… 27
实验 4 血糖的定量测定——Folin-Wu 法 …… 29
实验 5 血糖的定量测定——Folin-Malmros 法 …… 31
实验 6 血液中葡萄糖的测定——邻甲苯胺法 …… 33
实验 7 总糖和还原糖的测定——3,5-二硝基水杨酸法 …… 35
实验 8 血清总脂测定——香草醛法 …… 38
实验 9 血清甘油三酯含量的测定——乙酰丙酮显色法 …… 40
实验 10 血清胆固醇的测定——磷硫铁法 …… 42
第三章 蛋白质和酶 …… 45
实验 1 蛋白质及氨基酸双缩脲反应 …… 45
实验 2 蛋白质及氨基酸茚三酮反应 …… 48
实验 3 蛋白质的两性性质及等电点的测定 …… 50
实验 4 蛋白质浓度测定——考马斯亮蓝结合法 …… 52
实验 5 紫外吸收法测定蛋白质浓度 …… 54
实验 6 氨基酸的分离鉴定——纸层析法 …… 57
实验 7 氨基酸的分离鉴定——薄层层析法 …… 60
实验 8 凝胶层析法分离血红蛋白 …… 63
实验 9 聚丙烯酰胺凝胶电泳分离血清蛋白质 …… 66
实验 10 唾液淀粉酶的活性观察 …… 70
实验 11 α-淀粉酶的活力测定 …… 73

实验 12　琥珀酸脱氢酶的作用及其竞争性抑制的观察 …… 75
实验 13　碱性磷酸酶 $K_m$ 的测定 …… 77
**第四章　核酸** …… 81
实验 1　Trizol 法制备组织中 RNA …… 81
实验 2　浓盐法提取酵母 RNA …… 84
实验 3　紫外吸收法测定核酸含量 …… 86
实验 4　PCR 技术扩增 DNA …… 88
实验 5　琼脂糖凝胶电泳技术 …… 92
实验 6　质粒 DNA 提取、纯化及验证 …… 95
实验 7　荧光定量 PCR 技术 …… 98
**第五章　综合及设计性实验** …… 105
实验 1　血清球蛋白(IgG)的分离、纯化及相对分子量的鉴定 …… 105
实验 1-1　蛋白质的盐析与透析-血清 IgG 分离与脱盐 …… 105
实验 1-2　盐析产品(IgG)凝胶层析法脱盐 …… 110
实验 1-3　蛋白质的纯化-离子交换法 …… 112
实验 1-4　SDS-PAGE 测定蛋白质的相对分子质量 …… 114
实验 2　酵母醇脱氢酶的提纯及其性质的研究 …… 118
实验 2-1　酵母醇脱氢酶的提纯 …… 118
实验 2-2　酵母醇脱氢酶的凝胶层析 …… 121
实验 2-3　酵母醇脱氢酶的专一性 …… 123
实验 3　动物组织 LDH 同工酶聚丙烯酰胺凝胶垂直平板电泳 …… 125
实验 4　动物组织 DNA 的提取、质量鉴定及含量测定 …… 129
实验 4-1　动物组织 DNA 的提取及质量鉴定 …… 129
实验 4-2　DNA 的定量测定——二苯胺法 …… 131
实验 5　绿色荧光蛋白融合蛋白的表达、纯化和表征 …… 133
**附　录** …… 137
一、生物化学实验须知 …… 137
二、实验室常用酸碱的相对密度和浓度 …… 138
三、常用酸碱指示剂 …… 139
四、缓冲液的配制 …… 139
五、生物化学中某些重要化合物的 $M_r$ 及 pK 值 …… 146
六、氨基酸的一些物理常数 …… 148
七、某些蛋白质的物理性质 …… 150
八、化学元素的相对原子质量表 …… 151
九、硫酸铵饱和度的常用表 …… 153
十、层析法常用数据表 …… 155
十一、常见蛋白质等电点参考值(pH) …… 162
**参考文献** …… 163

HAPTER 1

# 第一章 生物化学常用基本实验技术

## 实验 1 微量移液器的使用

### 一、微量移液器的原理

微量移液器又称加样枪，是精确的试剂量取和转移的量器。微量移液器是一种在一定容量范围内可随意调节的精密取液装置(俗称枪)，其基本原理是依靠装置内活塞的上下移动。活塞的移动距离是由调节轮控制螺杆结构实现的，推动按钮带动推动杆使活塞向下移动，排除活塞腔内的气体。松手后，活塞在复位弹簧的作用下恢复原位，从而完成一次吸液过程。

微量移液器的优点：使用方便，取样、加样迅速，计量准确，不易破损，能吸取多种样品(只换吸嘴即可)。

### 二、微量移液器的基本组成

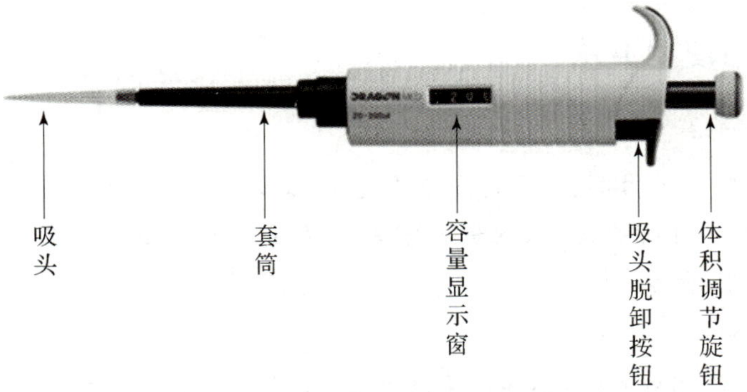


图 1-1 微量移液器的组成

## 三、微量移液器的类型

按工作原理：活塞内置式，活塞外置式。

按量程是否可调：可调移液器，固定移液器。

按动力来源：手动移液器，电动移液器。

按工作通道数量：单道移液器，多道移液器。

按用途：吸液器，连续分配器。

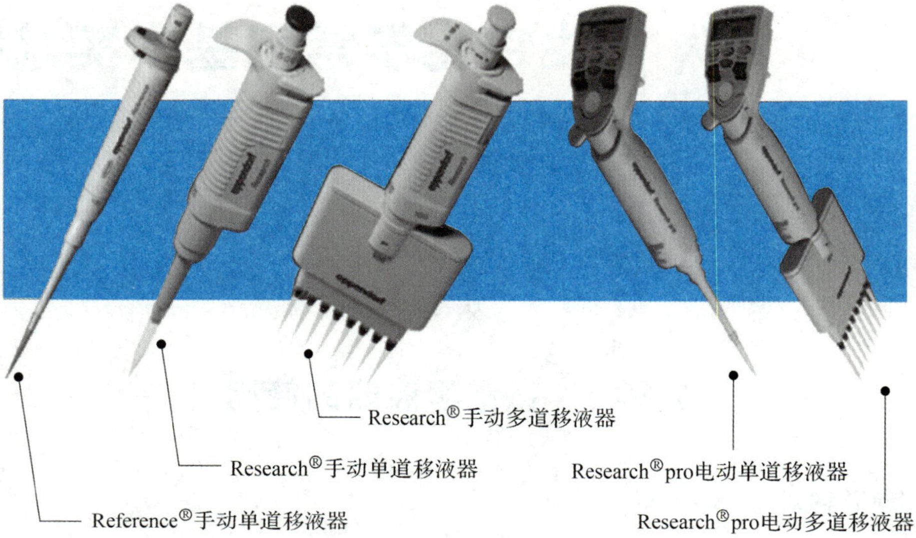


图 1-2　微量移液器的分类

1. 固定式

只能取一定容量的试剂，不能随意调节取样量。其规格有 10 μL、20 μL、25 μL、30 μL、50 μL、100 μL、200 μL、250 μL、300 μL、400 μL 、500 μL、1 000 μL、5 000 μL 等。

2. 可调式

在一定容量范围内可根据需要调节取样量。例如规格为 50～200 μL 的可调式定量移液器，可以在 50～200 μL 的范围根据需要调节成设计容许的各种取样容量(60 μL、85 μL、110 μL、170 μL)，一般来讲，固定式移液器比较准确，可调式移液器使用较为方便。

## 四、移液器的使用方法

二维码 1-1　微量移液器的使用

1. 选择适当量程的移液器

吸液前先把吸嘴套在套筒上，套上后轻轻旋紧，以保证结合严密。

**注意**：装吸头时不可用力过大，内部的零部件易因强烈撞击而松散，甚至会导致调节刻度的旋钮卡住。

2. 持法

右手四指(除大拇指外)并拢握住移液器外壳(使外壳突起部分搭在食指近端)，大拇指轻轻放在移液器的按钮上。

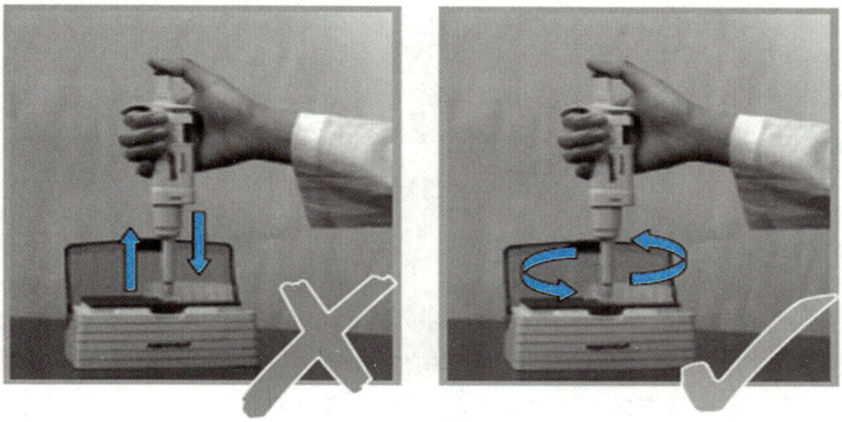

图 1-3　移液器枪头正确安装

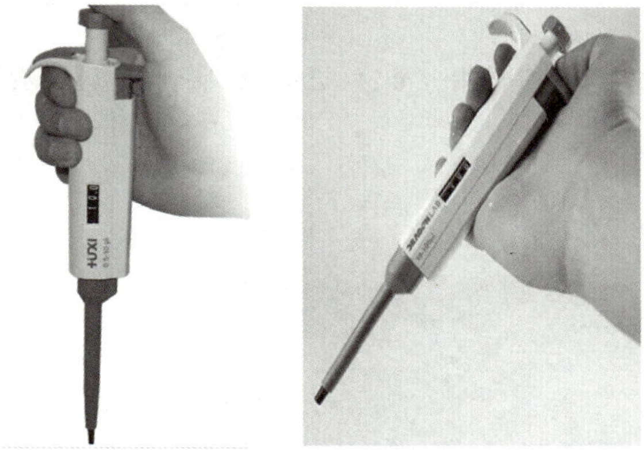

图 1-4　移液器正确持法

3. 取样(吸液)

(1)正向吸液。吸液时,用大拇指按下按钮到第一停止点,随后把吸嘴尖浸入取样液内,徐徐松开大拇指,让按钮慢慢自行复原,取样即告完成。排液时用大拇指慢慢将按钮按到第一停止点,停留 1 s(黏性较高的溶液停留时间应适当延长),然后再把按钮按到第二停止点,将液体排出。

(2)反向吸液。适用于黏稠液体和易挥发液体。吸液时将按钮直接按到第二档再释放,这样会多吸入一些液体,打出液体时只要按到第一档即可。此时,吸头内部还有多余液体,可以补偿吸头内部的表面吸附。

图 1-5　移液器的正确吸液方式

4. 排液

将移液器的吸嘴尖置于加样容器壁上，让吸嘴沿管壁向上滑动。当吸嘴尖与容器壁或溶液离开时，方可释放按钮，使其恢复到初始位置。

5. 弹卸枪头

吸液后，若改用不同液体，应及时按弹射器除去移液嘴。

## 五、使用微量移液器注意事项

1. 吸液时，若移液器本身倾斜，易导致移液不准确(应该垂直吸液，慢吸慢放)。

2. 装配吸头时，若用力过猛，易损坏内部构件。

3. 不可倒置或平放带有残余液体吸头的移液器(应将移液器挂在移液器架上)。

4. 不可用大量程的移液器移取小体积样品(应该选择合适量程范围的移液器)。

5. 吸液时控制容量的按钮释放过快，易导致吸液容量不准确。应顺应弹簧自身复原的力量慢慢放开大拇指，徐徐吸液。

总原则。轻：精密仪器，轻取轻用。准：就近原则，准确量取。慢：取液慢，防污染。变：进展快，多思考。

# 实验 2　离心技术

离心技术是根据不同物质颗粒的沉降系数、密度不同，在同一转速、同一部位受到的离心力不同而出现不同的沉降速度，从而达到浓缩、分离、纯化目的的一种实验技术。

图 1-6　生活中的离心技术

## 一、离心机原理

离心机是利用离心力，分离液体与固体颗粒或液体与液体混合物中各组分的机械。其作用原理有离心过滤和离心沉降两种。

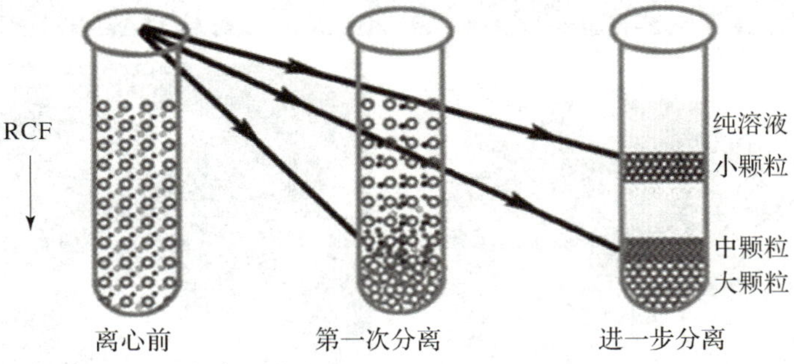


图 1-7　离心分离示意图

离心过滤是使悬浮液在离心力作用下产生的离心压力，作用在过滤介质上，使液体通过过滤介质成为滤液，而固体颗粒被截留在过滤介质表面，从而实现液-固分离。

离心沉降是利用悬浮液(或乳浊液)密度不同的各组分在离心力场中迅速沉降分层的原理,实现液-固(或液-液)分离。

物体受到的离心力:

$$F=\rho V r\omega^{2}$$

式中:$F$ 为物质作匀速圆周运动时受的离心力;$\rho$ 为被分离物质的密度;$V$ 为物质的体积;$r$ 为离心半径;$\omega$ 为离心角速度。

$$\text{沉降速度 } v=D^{2}\times(\rho_{\text{颗}}-\rho_{\text{介}})\times r\omega^{2}/18\eta$$

式中:$D$ 为颗粒直径;$\eta$ 为介质的黏度。

由此可见:在同一离心机中,同一转速下,运动的颗粒所受的离心力大小与颗粒密度相关。介质与颗粒的密度差决定颗粒运动的方向、沉降速度。

离心力 RCF 和转速($r$)之间的换算公式

$$\text{RCF}=1.11\times10^{-5}\times(\text{rpm})^{2}\times R$$

式中:RCF 为离心力,一般以 $g$(重力加速度)的倍数来表示;$(rpm)^{2}$ 为转速的平方,$R$ 为半径,单位为 cm。

## 二、离心机常用分类

按转速大小:
- 低速离心机(<10 000 r/min)
- 高速离心机(10 000~30 000 r/min)
- 超高速离心机(>30 000 r/min)

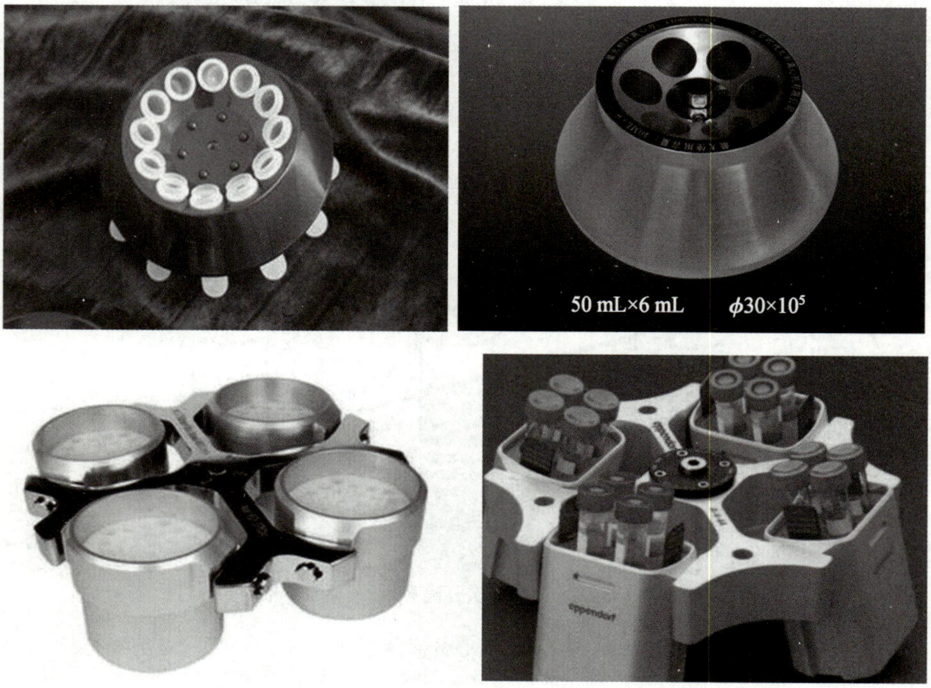


图 1-8　离心机转子

按对温度要求 { 普通离心机
　　　　　　　 冷冻离心机

按转子不同 { 水平转子离心机：运转时吊篮处于水平状态，与转轴成直角，样品将沉淀集中于离心管的底部。
　　　　　　 角转子离心机：离心容器与转轴成一固定角度，样品将沉淀集中于离心管底部及靠近底部的侧壁。

## 三、离心技术的科研应用

1. 样品的分离纯化和制备。
2. 生物大分子分子量的测定。
3. 生物大分子纯度的计算评估。
4. 生物大分子构象的分析。

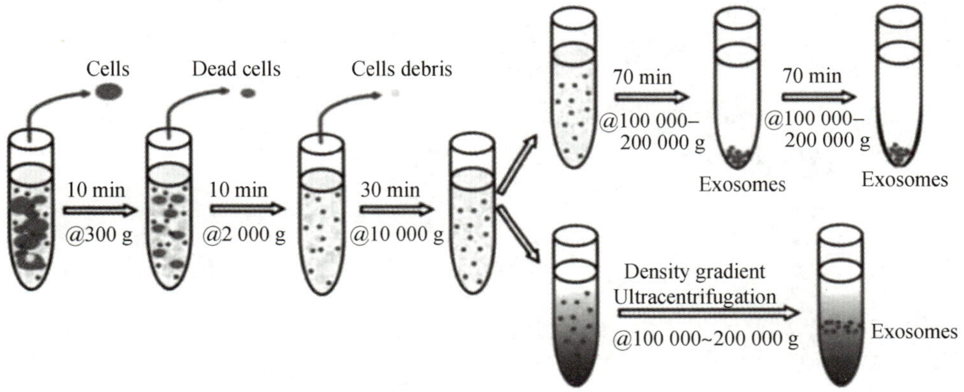


图 1-9　物质分离示意图

## 四、离心机的使用

检查→配平→放置→离心→结束→收整。

检查：仪器放置是否平整，是否有异常。

配平：离心管中加液体，样品不超过离心管总容量的 2/3，离心前用天平连同套管一起配平，单管离心设配平管。

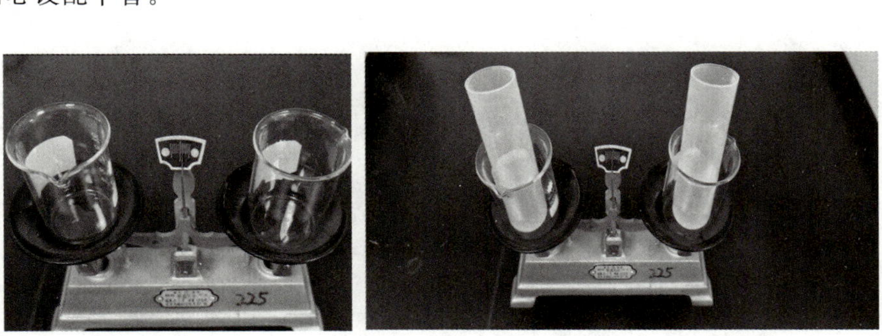

图 1-10　离心管配平示意图

放置：等质量的试管必须对称放置。

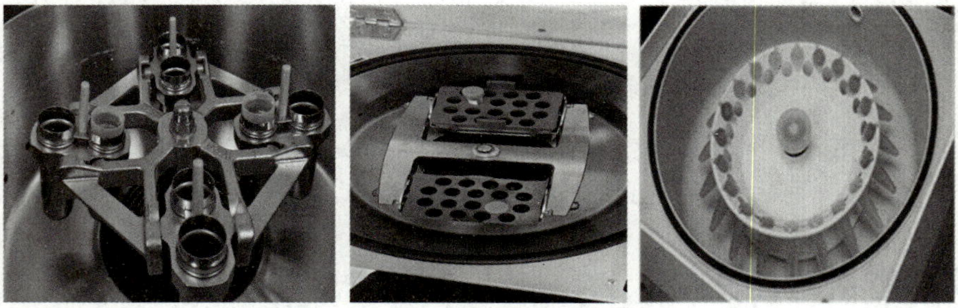

图 1-11　离心机对称放置示意图

离心：离心机盖门盖好后，设置转速、离心时间，启动离心机开始离心，等转速归零后再开盖，离心过程中切勿开盖。

收整：离心结束后将离心机腔内壁擦拭干净。

# 实验 3 分光光度技术

## 一、原理

分光光度技术(Spectrophotometry)是比色法的发展,比色法只限于在可见光区,分光光度技术则可以扩展到紫外光区和红外光区。每种物质都具有其特有、固定的吸收光谱,不同物质由于其分子结构不同,对不同波长光线的吸收能力也不同。将不同波长的光连续地照射到一定浓度的样品溶液时,便可得到与不同波长光相对应的吸收强度,就可以对该物质进行定性和定量分析。其优点是灵敏度高,测定简便、快速,是最为常用的一种生化检测技术。

1. 光的吸收律——朗伯-比尔(Lambert-Beer)定律

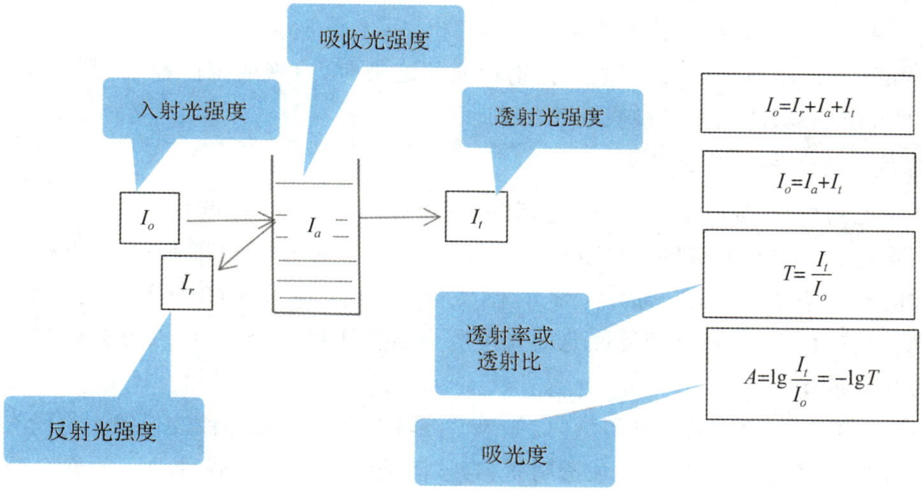


图 1-12 光的吸收

如上图:光的透过率(透射比)$T=I_t/I_0$,物质的浓度($c$)和光程($L$)成指数关系:

$$T=I_t/I_0=10^{-KCL}$$

$$-\lg(I_t/I_0)=-\lg T=KcL$$

式中:$-\lg(I_t/I_0)$称为吸光度 $A$。吸光度 $A$、液体浓度($c$)、光程($L$)之间的线性关系即朗伯-比尔(Lambert-Beer)定律。

当某一波长的单色光通过溶液时,液体厚度一定,则吸光度与溶液的浓度成正比,并且与吸光物质的种类、入射光波长、温度等有关。

Lambert-Beer 定律: $A=KcL$

式中:$A$ 为吸光度,可以作为衡量光被吸收程度的一个物理量,吸光度越大,说明被溶液所吸收的光越多;$c$ 为物质的浓度;$L$ 为液层厚度;$K$ 是指吸光系数,是一个比例常数。

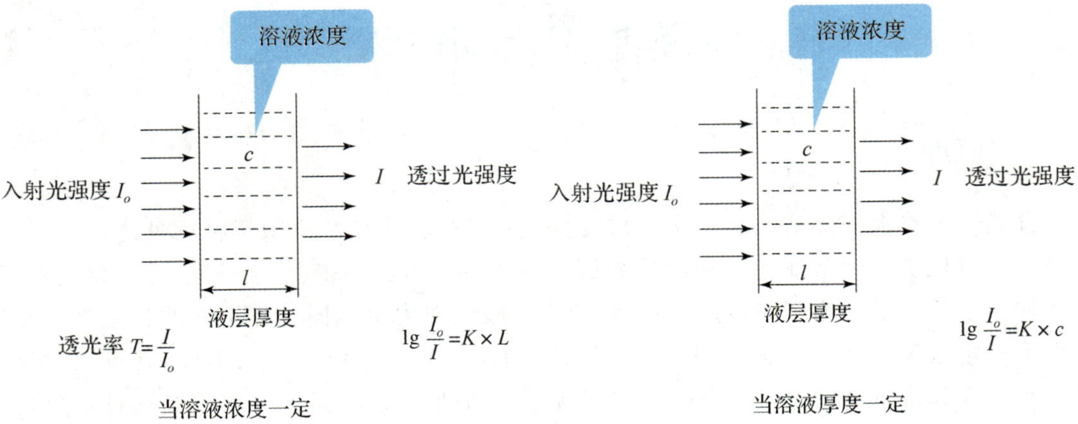


**图 1-13　Lambert-Beer 定律**

在一定条件下，吸光系数是物质的特性常数之一，它与光的强度，溶液浓度，液层厚度都无关，只与入射光的波长和物质性质有关。

当一束平行的单色光通过均匀、无散射现象的溶液时，溶液的浓度越大，则光被吸收得越多；通过的液层厚度越大，则光被吸收得越多。

2. 溶液颜色与光吸收的关系

日常所见的白光，如日光、白炽灯光，都是混合光，即它们是由波长 400～780 nm 的电磁波按适当强度比例混合而成的，这段波长范围的光是人们视觉可觉察到的，所以称为可见光。当电磁波的波长小于 400 nm 时称为紫外光，大于 780 nm 的称为红外光，都是人们视觉觉察不到的光。互补色光：当将某两种颜色的光按适当强度比例混合时，可以形成白光，这两种色光就称为互补色光。

当一束白光（混合光）通过某溶液时，如果该溶液对可见光区各种波长的光都没有吸收，即入射光全部通过溶液，则溶液呈无色透明状；当该溶液对可见光区各种波长的光全部吸收时，则该溶液呈黑色；当某溶液对可见光区某种波长的光选择性地吸收时，则该溶液即呈现出被吸收波长光的互补色光的颜色。

例如当一束白光通过 $KMnO_4$ 溶液时，该溶液选择性地吸收了绿色波长的光，而将其他的色光两两互补成白光通过，只剩下紫色光未被互补，$KMnO_4$ 溶液呈紫色。

## 二、分光光度计的结构

光源：提供工作所需的所有波长的光。

单色器：单色器的作用是从波长范围较宽的光线中，分出单色光的一个装置。

吸收池：放置比色皿，是盛样品或标准液的容器。石英比色皿（波长≤350 nm），玻璃比色皿（波长≥350 nm）

检测器：对光强度进行测量，并以电信号的形式表示，这种光电转化设备被称为检测器。

显示器：显示器是将检测器获得的电信号放大，并能将待测结果的数据显示出来的装置。

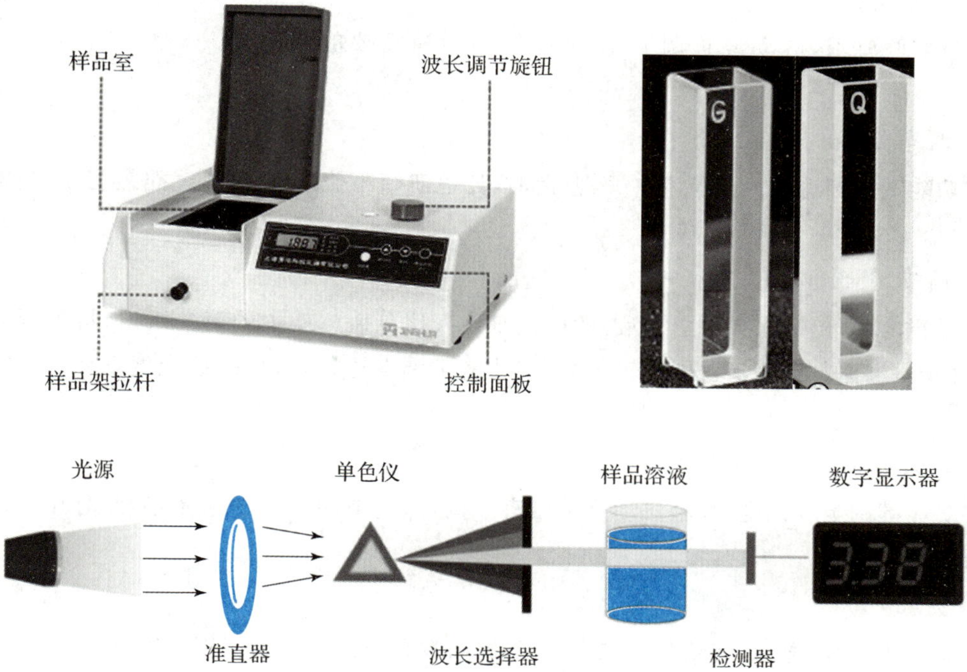


**图 1-14　分光光度计结构图**

## 三、分光光度计的分类

1. 可见光分光光度计

测定波长范围为 400～760 nm 的可见光区。

2. 紫外分光光度计

测定波长范围为 200～400 nm 的紫外光区。

3. 红外分光光度计

测定波长范围为大于 760 nm 的红外光区。

4. 荧光分光光度计

用于扫描液相荧光标记物所发出的荧光光谱。

5. 原子吸收分光光度计

光源发出被测的特征光谱辐射，被经过原子化器后的样品蒸气中的待测元素基态原子所吸收，通过测定特征辐射被吸收的大小，求出被测元素的含量。

## 四、分光光度计的操作

1. 预热仪器

为使测定稳定，将电源开关打开，使仪器预热 20 min，为了防止光电管疲劳，不要连续光照。预热仪器时和不测定时应将比色皿暗箱盖打开，使光路切断。

二维码 1-2　分光光度技术

2. 选定波长

根据实验要求，转动波长调节器，使指针指示所需要的单色光波长。

3. 调节"0"点

将功能键调到透射比挡位，按"0"键(此时，比色皿暗箱盖是打开的，光路被切断，光电管不受光照)。

4. 调节 $T=100\%$

将稀释溶剂(蒸馏水或空白溶液)的比色皿放入比色皿座架中的第一格内，将被测溶液放在其他格内，把比色皿暗箱盖子轻轻盖上，按功能键调至透射比，再按透光度 $T=100\%$，此时吸光度即为0。

5. 测定

将功能键调至吸光度，轻轻拉动比色皿座架拉杆，使被测溶液进入光路，此时显示窗所示为溶液的吸光度 $A$。

6. 关机

实验完毕，切断电源，将比色皿取出洗净，并将比色皿座架及暗箱用软纸擦净。

## 五、待测溶液浓度的计算

1. 标准管法

在同样的实验条件下同时测定标准溶液与待测溶液的吸光度值，标准溶液是用待测浓度的同种物质配制已知的浓度。

根据朗伯-比尔定律公式：

标准溶液：$A_{标}=Kc_{标}L_{标}$。

待测溶液：$A_{测}=Kc_{测}L_{测}$。

两式相比：$A_{标}/A_{测}=c_{标}/c_{测}$　　$c_{测}=A_{测}\times c_{标}/A_{标}$。

2. 标准曲线法

先取与被测物质含有相同组分的标准品，配成一系列浓度不同的标准溶液，然后分别测其吸光度。作图，以溶液浓度 $c$ 为横坐标，以相应的吸光度 $A$ 为纵坐标，绘制曲线图。测定未知样品的吸光度值，根据吸光度标准曲线得出相应的浓度。

吸光度标准曲线求浓度的方法简单直观、精确可靠，广泛应用于化学分析、生化分析等领域。但是需要注意的是，吸光度标准曲线建立的过程与测定吸光度值的条件必须严格控制，否则会影响曲线的建立和测定结果的准确性。

## 六、使用分光光度计注意事项

1. 分光光度计应放在干燥的房间内，使用时放置在坚固平稳的工作台上，室内照明不宜太强。热天时不能用电扇直接向仪器吹风，防止灯泡灯丝发亮不稳定。

2. 分光光度计使用前，使用者应该首先了解本仪器的结构和工作原理，以及各个操纵旋钮功能。

3. 若改变测试波长，需稍等片刻，等灯热平衡后，重新校正“0”和“100%”点，然后再测量。

4. 比色杯的配套性问题，比色杯必须配套使用，否则将使测试结果失去意义，每次测试前均应进行比较。

5. 拿取比色皿时，只能用手指接触两侧的毛玻璃，切勿接触光学面。

6. 不得将光学面与硬物或脏物接触。盛装溶液时，高度为比色皿的 2/3 处即可，光学面如有残液可先用滤纸轻轻吸附，然后再用镜头纸或丝绸擦拭。比色皿在使用后，应立即用水冲洗干净，必要时可用 1∶1 的盐酸浸泡，然后用水冲洗干净。

# 实验 4　电泳技术

电泳(Electrophoresis)是指带电颗粒在电场作用下向着与其电性相反的电极移动的现象。1807 年,由斐迪南·弗雷德里克·罗伊斯(Ferdinand Frederic Reuss)最早发现,1936 年瑞典学者 A. W. K. 蒂塞利乌斯设计制造了移动界面电泳仪,分离了马血清蛋白中的 3 种球蛋白,创建了电泳技术。20 世纪 60 至 70 年代,滤纸、聚丙烯酰胺凝胶等介质相继引入电泳技术,电泳技术得以迅速发展,丰富多彩的电泳形式使其应用十分广泛。电泳技术除了用于小分子物质的分离分析外,最主要是用于蛋白质、核酸、酶,甚至病毒与细胞的研究。由于电泳法设备简单,操作方便,具有高分辨率及高选择性的特点,电泳技术已成为生物科学研究中必不可少的手段之一。

## 一、电泳原理

蛋白质或其他物质由于其本身所具有的功能基团解离或者表面上吸附其他带电质点而带电。在电场作用下发生迁移,迁移的方向取决于物质带电的性质。迁移距离和溶液的 pH 有关,如果在电场作用下迁移为零,此时的 pH 即是该蛋白的等电点(pI)。

带电粒子在电场中所受的力 $F$ 的大小决定于粒子所带电荷 $Q$ 和电场强度 $E$,既 $F=QE$。电场强度是由正负电极之间的电位差(电压)$U$ 及电极间的距离 $d$ 来决定的,$E=U/d$。根据斯托克斯定律(Stoke's Law),球形的粒子运动时所受到的阻力 $F'$ 与粒子运动速度 $\nu$,粒子的半径 $r$,介质的黏度 $\eta$ 的关系为:$F'=6\pi r\eta v$。当电泳达到平衡,带电粒子在电场匀速运动时,则:$F=F'$,即:$QE=QU/6d\pi r\eta$。因此:$v=QU/6d\pi r\eta$。

带电粒子的迁移率不仅取决于电场强度和粒子本身的所带电荷的多少,还取决于粒子的大小、形状、介质的黏度等多种因素。

## 二、影响电泳的因素

影响电泳的因素很多,主要有:

1. 带电物质的性质

这是影响电泳迁移率的首要因素,即带电物质的净电荷数、颗粒大小及形状。一般来说,颗粒带净电荷量越多,或其直径越小,或其形状越接近球形对介质支持物的阻力越小,在电场中的泳动速度就越快。反之,则越慢。故电泳迁移率与颗粒的分子大小、介质黏度成反比,与颗粒所带电荷成正比。

2. 电场强度

电场强度对迁移率的快慢起着十分重要的作用。一般电场强度越高,带电颗粒的泳动速度越快。反之,则越慢。根据电场强度大小,可将电泳分为常压电泳和高压电泳。常压电泳的电压在 100～500 V,电场强度是 2～10 V/cm,电泳时间为数小时。高压电泳的电压高达 500～1 000 V,电场强度是 20～2 000 V/cm,电泳时间短,有的仅几分钟。高压电泳由于具有很高的电压和电流,在电泳过程中产生大量焦耳热,所以需要冷却装置,或电泳槽要置于 4 ℃冰箱中电泳。

3. 缓冲液的 pH

缓冲液的 pH 决定了带电颗粒的解离程度，也决定了颗粒所带电荷的多少。对于蛋白质两性分子而言，溶液的 pH 离其等电点越远，其带净电荷量就越大，从而泳动越快，反之，则越慢。同时，缓冲液 pH 还会影响其电泳方向，当缓冲液 pH 大于蛋白质等电点时，蛋白质分子带负电荷，其电泳的方向是朝正极泳动，反之亦然。当要分离数种蛋白混合物时，应选择一种缓冲液的 pH，使要分离的各种蛋白所带电荷具有较大的差异，以利于各种蛋白分子的分离。

4. 缓冲液的离子强度

在保持足够缓冲能力的前提下，离子强度要求尽可能小。因此，缓冲液通常要保持一定离子强度，一般为 0.02～0.2 mol/L。离子强度过低，则缓冲能力差；但如果离子强度过高，在待分离样品周围形成较强的带相反电荷的离子扩散层，离子扩散层的阻碍作用引起颗粒电泳速度降低，所以溶液中离子强度越高，带电颗粒泳动速度越慢。

电泳时缓冲液的离子强度较低时，泳动速度快，产热少；离子强度较高时，泳动速度慢，产热多，但区带较窄。

5. 缓冲液的黏度

缓冲液的黏度也会对电泳速度产生影响。泳动速度与溶液黏度成反向变动关系。因此黏度过大或过小，必然影响泳动速度。

6. 焦耳热

电泳过程中释放的热量与电流的平方成正比。当电压或电极缓冲液中离子强度增高时电流会随之增大。这不仅会降低分辨率，而且严重时会烧断滤纸支持物或融化琼脂糖凝胶支持物，甚至使玻璃板破裂，产生的热量会使活性蛋白质等大分子失活。所以，在高压电泳中要求配置冷却设备或在低温下进行电泳。

7. 电渗作用

电渗是指在电场中，液体对固体支持物的相对运动。支持物不同，可产生不同程度、不同方向的电渗流动。当支持物不是绝对惰性物质时，常常会有离子基团（如羧基、磺酸基、羟基等）吸附溶液中的正离子，使靠近支持物的溶液相对带电。在电场作用下，此溶液层会向负极移动。反之，若支持物的离子基团吸附溶液中的负离子，则溶液层会向正极移动，这就是电渗现象。因此，当带电颗粒的泳动方向与电渗方向一致时，则加快颗粒的泳动速度；当带电颗粒的泳动方向与电渗方向相反时，则降低颗粒的泳动速度。

8. 筛孔

作为电泳支持物的琼脂糖凝胶和聚丙烯酰胺凝胶都有大小不等的筛孔，在孔大的凝胶中带电颗粒泳动速度快。反之，则泳动速度慢。这些凝胶是多孔介质，孔径尺寸和蛋白质大分子具有相似的数量级，因而具有分子筛效应。使用这些凝胶进行电泳分离蛋白质样品，泳动速度不仅取决于大分子的电荷数，还取决于分子的大小。

## 三、电泳装置

电泳装置主要包括电泳仪和电泳槽两个部分。电泳仪提供电源产生直流电，在电泳槽中产生电场，驱动带电颗粒的迁移。电泳槽可以分为垂直式、水平式和圆盘式等。图 1-15 所示为电泳仪、垂直电泳槽和水平电泳槽装置。

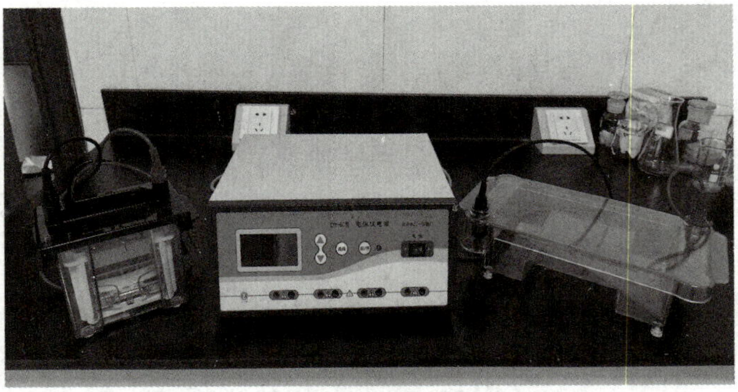

图 1-15　电泳仪及电泳槽

## 四、电泳技术种类

1. 按有无支持物划分：无支持物的电泳为自由电泳；有支持物的电泳为区带电泳。

2. 按支持物种类划分：可分为纸电泳、醋酸纤维薄膜电泳、淀粉电泳、琼脂糖凝胶电泳、聚丙烯酰胺凝胶电泳等。

3. 按支持物形状划分：可分为 U 形管电泳、薄层电泳、柱电泳（圆盘柱状电泳）、平板电泳（垂直板电泳、水平板电泳）、毛细管电泳等。

4. 按电压的高低划分：可分为低压电泳和高压电泳。

5. 按原理划分：可分为等速电泳、免疫电泳、等电聚焦电泳等。

6. 按电泳形式划分：可分为单向电泳和双向电泳。

7. 按用途划分：可分为分析电泳、制备型电泳、定量免疫电泳等。

在以后的实验中再详细介绍每种电泳技术具体操作方法。

# 实验 5　层析技术

1903 年，俄国植物学家茨维特（M. Tsweet）首次提出了层析的概念。20 世纪 50 至 60 年代先后诞生了气相层析和高效液相层析方法。目前，层析技术尤其是自动化、微型化的层析方法作为一种重要的分离分析方法已广泛应用于实践和科研领域。

## 一、层析技术原理

层析（Chromatography）是“色层分析”的简称，又称色谱，是利用待分离的混合物中各成分对固定相亲和力不同所引起的移动速度差，从而达到将各组分分离，并进行定性与定量分析的技术。

所有层析系统都由两相组成：一个是固定相，另一个是流动相。当待分离的混合物随溶剂（流动相）通过固定相时，由于各组分理化性质的差异，与两相发生吸附、溶解、结合作用的能力不同，在两相中的分配量也不同，而且随着溶剂向前移动，各组分不断地在两相中进行再分配。与固定相亲和力弱的组分，随流动相移动时受到的阻力小，向前移动的速度快，反之与固定相亲和力强的组分，向前移动速度慢。分步收集流出液，可得到样品中所含的各单一组分以进行分离和分析。

## 二、层析方法分类

1. 根据流动相和固定相的不同分类

根据流动相所处状态不同可分为气相层析、液相层析、超临界流体层析、电层析（表 1-1），再根据流动相与固定相各自状态不同可进一步将气相层析划分为气固层析、气液层析。液相层析划分为液-固层析和液-液层析等。

**表 1-1　按流动相种类分类**

| 类型 | 流动相 | 主要分析对象 |
|---|---|---|
| 气相层析 | 气体 | 挥发性有机物 |
| 液相层析 | 液体 | 可以溶于水或有机溶剂中的各种物质 |
| 超临界流体层析 | 超临界流体 | 各种有机化合物 |
| 电层析 | 缓冲溶液、电场 | 离子或各种有机化合物 |

2. 根据层析原理分类

根据层析原理，可分为吸附层析、分配层析、离子交换层析、凝胶过滤层析、亲和层析等（表 1-2）。

**表 1-2　按层析原理分类**

| 类型 | 分离原理 |
|---|---|
| 吸附层析法 | 固定相是固体吸附剂，各组分在吸附剂表面吸附能力不同 |
| 分配层析法 | 各组分在流动相和固定相中的分配系数不同 |

续表 1-2

| 类型 | 分离原理 |
|---|---|
| 离子交换层析法 | 固定相是离子交换剂，各组分与离子交换剂亲和力不同 |
| 凝胶过滤层析法 | 固定相是多孔凝胶，各组分因分子大小不同而在凝胶上受阻的程度不同 |
| 亲和层析法 | 固定相只能与一种待分离组分专一结合，以此与无亲和力的其他组分分离 |

3. 根据操作形式分类

根据操作形式可分为柱层析、薄层层析、纸层析、薄膜层析等(表 1-3)。

**表 1-3　按操作形式分类**

| 名称 | 操作模式 |
|---|---|
| 柱层析法 | 固定相装于柱内，加样后用流动相展开，使样品沿着一个方向前移而分离 |
| 薄层层析法 | 将适当黏度的固定相均匀涂铺在薄板上，点样后用流动相展开，使各组分分离 |
| 纸层析法 | 用滤纸作液体的载体，点样后用流动相展开，使各组分分离 |
| 薄膜层析法 | 将适当的高分子有机吸附剂制成薄膜，以类似纸层析方法进行物质的分离 |

以上分类无严格界限，有些名称相互交叉，如亲和层析应属于一种特殊的吸附层析，纸层析是一种分配层析，柱层析可做各种层析。

纸层析和薄层层析主要适用于小分子物质的快速检测分析和少量分离制备，通常为一次性使用，而柱层析是常用的层析形式，适用于样本的分离和分析。生物化学检验中常用的凝胶层析、离子交换层析、亲和层析和高效液相层析等都通常采用柱层析形式。

4. 根据分离压力分类

根据分离压力可分为高压层析、中压层析和低压层析。

层析法具有应用范围广、分离效率高、样品用量少、选择性好、多组分同时分析、易于自动化等优点，但定性能力较差，且不同层析方法的具体特点也各不相同。

## 三、离子交换层析法与应用

离子交换层析(Ion Exchange Chmomaogsphy，IEC)是依据各种离子或离子化合物与固定相离子交换剂的结合力不同而进行分离纯化的方法。

离子交换层析法固定相是离子交换剂，是由一类不溶于水的惰性高分子聚合物基质构成，分子中具有解离性基团(交换基，通过一定的化学反应共价结合上某种电荷基团形成的)，在水溶液中能与溶液中的其他阳离子或阴离子起交换作用：

$$RSO_3^- H^+ + Na^+ Cl^- \rightleftharpoons RSO_3 + Na^+ + H^+ Cl^-$$

$$R_4N^+ OH^- + Na^+ Cl^- \rightleftharpoons R_4N^+ Cl^- + Na^+ OH^-$$

离子交换剂可以分为三部分：高分子聚合物基质、电荷基团和平衡离子。电荷基团与高分子聚合物共价结合，形成一个带电的可进行离子交换的基团。平衡离子是结合于电荷基团上的相反离子，它能与溶液中的其他离子基团发生可逆的交换反应。平衡离子带正电的离子交换剂能与带正电的离子基团发生交换作用，称为阳离子交换剂；平衡离子带负电的离子交换剂能与带负电的离子基团发生交换作用，称为阴离子交换剂。

凡是影响离子交换的因素都会影响离子交换层析的效果。包括溶液的酸碱度、对交换离子的选择性、被交换物质在溶液中的浓度、温度、溶剂、树脂交联度、交换基团的解离能力等。

离子交换层析的应用包括以下两点：

①分离纯化小分子物质离子交换层析广泛地应用于无机离子、有机酸、核苷酸、基酸、抗生素等小分子物质的分离纯化。例如对氨基酸的分析，基于离子交换层析的氨基酸分析仪已成为氨基酸直接分析法的主流。此法可同时对一级、二级氨基酸进行检测，无需柱前、柱后衍生，直接进样，分离效果好，灵敏度高，操作简便。但此类氨基酸分析仪专属性强，价格昂贵，其推广及应用受限。

②分离纯化生物大分子物质离子交换层析是依据物质的带电性质不同来进行分离纯化的，是分离纯化蛋白质等生物大分子的一种重要手段。糖化血红蛋白的测定是离子交换层析在临床生化领域应用的成功典范。

## 四、高效液相层析法与应用

1. 高效液相层析法的原理

高效液相层析法(High Performance Liquid Chromatography，HPLC)是在经典液相层析法的基础上，通过改进填料的粒度及柱压，结合气相层析理论，在技术上采用了高效固定相(填料颗粒小而均匀，1.7～10 μm)、高压输液泵(小颗粒具有高柱效，但会引起高阻力，需用高压输送流动相)和高灵敏度的检测器，实现了分析速度快、分离效率高和操作自动化，故又称高压液相层析法(High Pressure Liquid Chromatography，HPLC)。又因分析速度快而称为高速液相层析法(High Speed Liquid Chromatography HSLP)，也称现代液相层析、高效液相色谱法。

HPLC 系统一般由输液泵、进样器、色谱柱、检测器、数据记录及处理装置等组成。其中输液泵、色谱柱、检测器是关键部件。有的仪器还有梯度洗脱装置、在线脱气机、自动进样器、预柱或保护柱、柱温控制器等。现代化 HPLC 系统还包括微机控制系统，进行自动化仪器控制和数据处理。制备型 HPLC 系统还备有自动馏分收集装置。

2. HPLC 的优点

与经典液相层析相比其优点如下。

(1)速度快：因 HPLC 具有高压(压力可达 150～300 kg/cm。色谱柱每米降压为 75 kg/cm 以上)、高速(流速为 0.1～10.0 m/min)的特点，所以通常分析一个样品只需 15～30 min，有些样品甚至在 5 min 内即可完成。

(2)分辨率高：可选择固定相和流动相以达到最佳分离效果。

(3)灵敏度高：紫外检测器可达 0.01 ng/mL，荧光和电化学检测器可达 0.1 pg/mL。

(4)效率高：5 000 塔板/m 在一根柱中同时分离成分可达 100 种。

(5)柱子可反复使用：用一根色谱柱可分离不同的化合物。

(6)样品用量少、易回收：样品经过色谱柱后不被破坏，可以收集单一组分或做制备。

3. HPLC 的局限性

(1)流动相易挥发、有毒，易造成环境污染。

(2)缺少通用型检测器。

(3)不能替代气相层析完成低沸点物质的分析。

(4)不能替代中压、低压液相层析去分离、制备有生物活性的生化样品。

4. 高效液相层析法的应用

HPLC是目前应用最多的层析分析方法之一,应用广泛,几乎所有领域的定量定性分析都有应用。尤其适于分析高沸点不易挥发的、受热不稳定易分解的、分子量大、不同极性的有机化合物;生物活性物质和多种天然产物,如合成的和天然的高分子化合物等。HPLG在临床生化检测中的应用主要见于治疗药物浓度检测(茶碱、丙戊酸钠、万古霉素、他克莫司、抗菌药物及抗真菌药物等)、血浆游离型甲氧基肾上腺素类物质(Metanephrines MNS)、血/尿儿茶酚胺、血/尿/牛奶中性激素检测、尿液有机酸及多胺检测、维生素及降解产物、有机磷中毒的检测、血清蛋白组指纹图谱等。

## 五、亲和层析法与应用

1. 亲和层析法的原理

亲和层析(Affinity Chromatography,AC)是利用偶联亲和基团的层析吸附介质为固定,亲和吸附目标分子,使目标分子得到分离纯化的层析方法。在目前众多的亲和分离技术中,亲和层析分离技术是应用最多、分离效率最好的技术。

在生物分子中有些分子的特定结构部位能够同其他分子相互识别并结合,如与底物识别结合、受体与配体的识别结合、抗体与抗原的识别结合,这种结合既是特异的,又是可逆的,通过改变条件可以使这种结合解除。

被固定在基质上的分子称为配体,配体和基质是共价结合的,构成亲和层析的固定相,称为亲和吸附剂。

亲和层析时首先选择与待分离的生物大分子有亲和力的物质作为配体,并将配体共价结合在适当的不溶性基质上。将制备的亲和吸附剂装柱平衡,当样品溶液通过亲和层析柱时,待分离的生物分子与配体发生特异性结合,从而留在固定相上,而其他杂质不能与配体结合,仍在流动相中,并随洗脱液流出,这样层析柱中就只有待分离的生物分子。用适当的洗脱液将其从配体上洗脱下来,可以得到纯化的待分离物质。很多生物大分子可以过亲和层析法加以分离纯化。

优点:纯化过程简单、迅速,分离效率高,实验条件温和,设备要求简单。亲和力具有高度的专一性,使亲和层析的分辨率很高,是分离生物大分子的一种理想的层析方法。

缺点:亲和吸附剂通用性较差,针对某一分离对象需要制备专一的吸附剂和建立相应的实验条件,洗脱条件苛刻,配体的选择及其与基质的共价结合需要繁琐的操作步骤。

2. 应用

亲和层析的应用主要是生物大分子的分离、纯化,包括利用抗原、抗体之间高特异的亲和力而进行分离的方法又称为免疫亲和层析。利用金黄色葡萄球菌A蛋白(Staphylococcal Protein A,SPA)能够与免疫球蛋白G(IgG)结合,分离各种IgG。利用生物素(Aiotin)和亲和素(Avidin)之间具有较强且特异的亲和力,可以用于亲和层析。利用激素和受体蛋白间的高亲和力($10^6$~$10^{12}$ mol/L)可分离受体蛋白。目前,已经用亲和层析方法纯化出了大量的受体蛋白，如乙酰胆碱、肾上腺素、生长激素、吗啡、胰岛素等多种激素的受体。用适当的糖蛋白或单糖、多糖作为配体也可以分离各种凝集素等。

在临床生化检验领域的应用范例是利用硼酸亲和层析测定糖化血红蛋白；另外，在甲胎蛋白异质体（AFP-$L_3$）检测中用凝集素处理待测血清，检测凝集素处理前后血清甲胎蛋白的含量差，得到 AFP-$L_3$ 含量，用于肝癌的预警和评估。

## 六、气相层析法与应用

1. 气相层析法的原理

气相层析法（Gas Chromatography，GC）亦称气体色谱法、气相色谱法，是用气体作流动相，混合样品的气流通过固定相时，根据各组分对固定相的吸附强弱不同使不同成分得到分离。

按层析分离原理来分，气相层析法亦可分为吸附层析和分配层析两类。气固层析的固定相为吸附剂，属于吸附层析；气液层析属于分配层析。按层析操作形式来分，气相色谱属于柱层析，根据所使用的层析柱粗细不同，可分为一般填充柱和毛细管柱两类。在实际工作中，气相层析法以气液层析为主。

2. 气相层析法的应用

主要应用有：

(1)药物分析，如巴比妥类镇静催眠药分析。

(2)人体激素及代谢产物分析，如雌三醇、儿茶酚胺代谢产物、尿中雌二醇和雌三醇、血浆中睾丸激素、血液中乙醇、麻醉剂等。

(3)氨基酸衍生物，如小儿先天性代谢异常症（有机酸尿症和苯丙酮尿症）的检测。

(4)鉴别厌氧菌的种类，不同的厌氧菌可产生不同的有机酸，如丙酸、丁酸、戊酸和己酸等。

气相层析法的优点是分离速度快、灵敏度高、应用范围广、样品用量小、分离效能高，是分离复杂混合物的有效工具。其缺点是不能对未知物进行定性鉴定。如果将 GC 与其他技术（质谱、光谱、核磁、化学反应等）联用可弥补其不能对未知物进行定性鉴定的不足。

# CHAPTER 2 第二章 糖和脂类

## 实验 1 糖的颜色反应——莫氏实验

### 一、实验目的

掌握莫氏(Molisch)实验鉴定糖的原理和方法。

### 二、实验原理

糖经浓无机酸(浓硫酸、浓盐酸)脱水产生糠醛或糠醛衍生物,后者在浓无机酸作用下能与 $\alpha$-萘酚生成紫红色缩合物,在糖液和浓硫酸的液面间形成紫环,因此又称“紫环反应”,其反应如下:

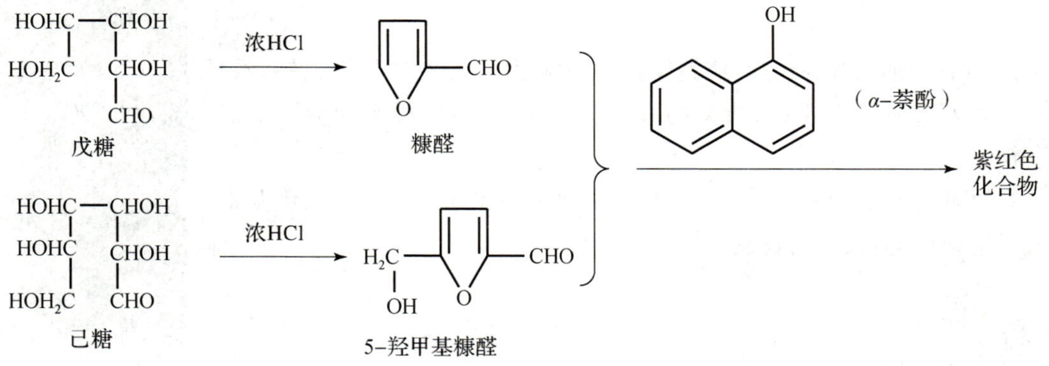

## 三、实验器材和试剂

1. 器材

棉花或滤纸、移液器、试管等。

2. 试剂

(1)莫氏试剂：称取 α-萘酚 5 g，溶于 95%乙醇并稀释至 100 mL。此试剂需新鲜配制，并贮于棕色试剂瓶中。

(2)1%蔗糖溶液：称取 1 g 蔗糖，溶于蒸馏水并定容至 100 mL。

(3)1%葡萄糖溶液：称取葡萄糖 1 g，溶于蒸馏水并定容至 100 mL。

(4)1%淀粉溶液：将 1 g 可溶性淀粉与少量冷蒸馏水混合成薄浆状物，然后缓缓倾入沸蒸馏水中，边加边搅，最后以沸蒸馏水稀释至 100 mL。

(5)浓硫酸。

## 四、实验步骤

取洁净的 4 支试管编号，按表 2-1 加入试剂。

表 2-1　糖的莫氏实验试剂添加表

| 试剂 | 1 | 2 | 3 | 4 |
|---|---|---|---|---|
| 1%蔗糖溶液/mL | 1 | | | |
| 1%葡萄糖溶液/mL | | 1 | | |
| 1%淀粉溶液/mL | | | 1 | |
| 少许纤维素 | | | | 少许 |
| 莫氏试剂/滴 | 2 | 2 | 2 | 2 |
| 摇匀，将试管倾斜，沿管壁缓慢加入浓硫酸 1.5 mL(切勿振摇) | | | | |
| 浓 $H_2SO_4$/mL | 1.5 | 1.5 | 1.5 | 1.5 |

加入浓 $H_2SO_4$ 后，硫酸层沉于试管底部与糖溶液分成两层，观察液面交界处有无紫红色环出现。

## 五、注意事项

1. 试管中加入各种糖后，应做好标记，浓硫酸加入的方式应保持一致。

2. 莫氏反应非常灵敏，所用的试管应洗净，不可在样品中混入纸屑等杂物。

3. 当糖浓度过高时，由于浓硫酸对它的焦化作用，将呈现红色及褐色而不呈紫色，需稀释后再做。

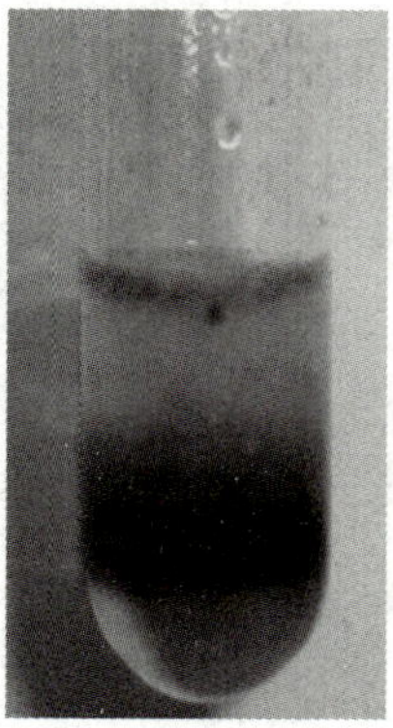

图 2-1　紫环示意图

## 六、思考题

1. 解释 α-萘酚反应的原理。

2. 用莫氏实验鉴定糖时需注意哪些事项？

# 实验 2　糖的颜色反应——塞氏实验

## 一、实验目的

掌握塞氏(Seliwanoff)实验鉴定酮糖的原理和方法。

## 二、实验原理

酮糖在浓酸的作用下,脱水生成 5-羟甲基糠醛,后者与间苯二酚作用,呈红色反应,有时亦同时产生棕色沉淀,此沉淀溶于乙醇,呈鲜红色溶液。以果糖为例,其反应如下:

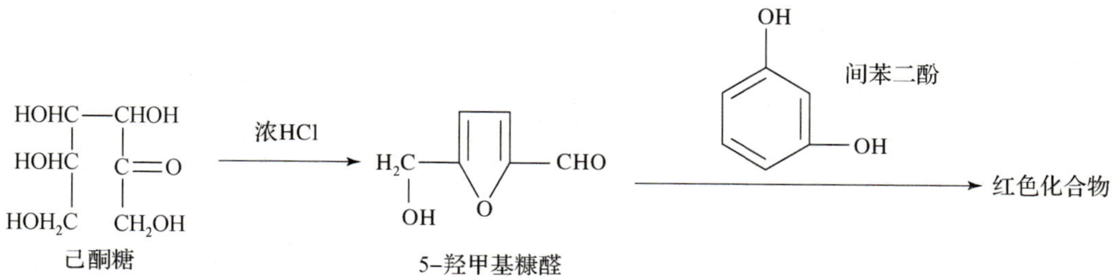


## 三、实验器材和试剂

1. 器材

移液管、试管、水浴锅等。

2. 试剂

(1)塞氏试剂:将 50 mg 间苯二酚溶于 100 mL 盐酸中[$V(H_2O):V(HCl)=2:1$],临用时配制。

(2)1%果糖溶液:称取果糖 1 g,溶于蒸馏水并定容至 100 mL。

(3)1%蔗糖溶液:称取 1 g 蔗糖,溶于蒸馏水并定容至 100 mL。

(4)1%葡萄糖溶液:称取葡萄糖 1 g,溶于蒸馏水并定容至 100 mL。

二维码 2-1　糖的颜色反应—塞氏实验

## 四、实验步骤

取 3 支试管编号,按下表 2-2 加入试剂。

表 2-2　糖的塞氏实验操作表　mL

| 试剂 | 1 | 2 | 3 |
| --- | --- | --- | --- |
| 1%葡萄糖 | 0.5 | | |
| 1%蔗糖 | | 0.5 | |
| 1%果糖 | | | 0.5 |
| 塞氏试剂 | 2.5 | 2.5 | 2.5 |

摇匀，同时置沸水浴内，比较各管颜色变化及红色出现的先后次序。

## 五、注意事项

1. 试管中加入各种糖后，应做好标记，并按顺序置于沸水浴锅内。
2. 实验过程中，要仔细观察溶液颜色的变化情况。

## 六、思考题

1. 在塞氏实验中，反应产生的沉淀为何能够溶于乙醇溶液并产生鲜红色？
2. 蔗糖为何会有塞氏反应？

# 实验3　糖的颜色反应——杜氏实验

## 一、实验目的

掌握杜氏(Tollen)实验鉴定戊糖的原理和方法。

## 二、实验原理

戊糖在浓酸溶液中脱水生成糠醛，后者与间苯三酚结合成樱桃红色物质，其反应如下：

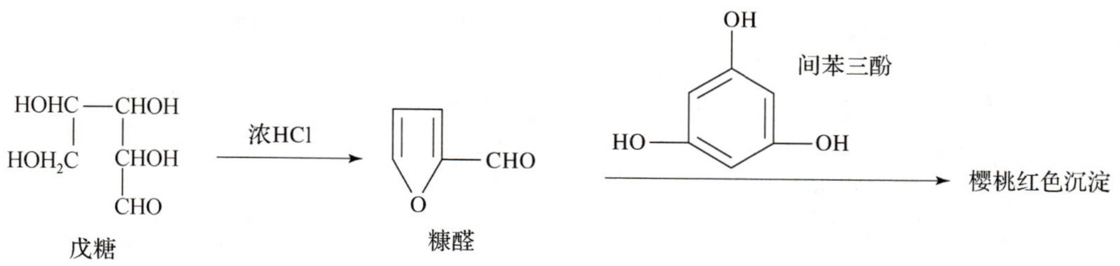


本实验虽常用来鉴定戊糖，但并非戊糖的特有反应。果糖、半乳糖和糖醛酸等都呈阳性反应。戊糖反应最快，通常在 45 s 内即产生樱桃红色沉淀。

## 三、实验器材和试剂

1. 器材

移液器、试管、水浴锅等。

2. 试剂

(1)杜氏试剂：2%间苯三酚乙醇溶液(2 g 间苯三酚溶于 100 mL 95%乙醇中)3 mL，缓缓加入浓盐酸 15 mL 及蒸馏水 9 mL 即得，临用时配制。

(2)1%阿拉伯糖溶液：称取阿拉伯糖 1 g，溶于蒸馏水并稀释至 100 mL。

(3)1%葡萄糖溶液：称取葡萄糖 1 g，溶于蒸馏水并定容至 100 mL。

(4)1%半乳糖溶液：称取半乳糖 1 g，溶于蒸馏水并稀释至 100 mL。

## 四、实验步骤

于 3 支试管中各加入杜氏试剂 1 mL，再分别加入 1 滴 1%葡萄糖溶液、1%半乳糖溶液和 1%阿拉伯糖溶液，混匀。将各试管同时放入沸水浴中，观察颜色的变化，并记录颜色变化时间。

## 五、注意事项

1. 试管中加入各种糖后，应做好标记，并同时置于沸水浴锅内。
2. 实验过程中，要仔细观察溶液颜色的变化情况。

## 六、思考题

1. 在 Tollen 反应分析未知样品时，应注意哪些问题？
2. 列表总结和比较莫氏实验、塞氏实验和杜氏实验颜色反应的原理及其应用？

# 实验 4 血糖的定量测定——Folin-Wu 法

## 一、实验目的

1. 掌握 Folin-Wu 法测定血糖含量的原理和方法。
2. 学会制备无蛋白血滤液。

## 二、实验原理

无蛋白血滤液中的葡萄糖与碱性硫酸铜溶液共热，$Cu^{2+}$ 即被血滤液中的葡萄糖还原成 $Cu^{+}$（$Cu_2O$），$Cu_2O$ 又使钼酸试剂还原成低价的蓝色钼化合物（钼蓝）。血滤液的糖含量和产生的 $Cu_2O$ 成正比，$Cu_2O$ 的量与形成钼化合物的量成正比，可用比色测定法。

## 三、实验器材和试剂

1. 器材

全血、滤纸、紫外可见分光光度计、血糖管、移液器、锥形瓶 、表面皿、漏斗、水浴锅、电磁炉等。

2. 试剂

(1)标准葡萄糖溶液

①1%葡萄糖母液(10 mg/mL)：称取 1.0 g 葡萄糖(AR)，溶于蒸馏水并稀释至 100 mL。

②葡萄糖标准液(0.1 mg/mL)：取 1.0 mL 葡萄糖母液置 100 mL 容量瓶内，加蒸馏水至刻度。

(2)碱性硫酸铜溶液

A 液：称取无水碳酸钠 35 g，酒石酸钠 13 g 及碳酸氢钠 11 g，溶于蒸馏水后，稀释至约 700 mL，待溶液清晰后再稀释至 1 000 mL。

B 液：称取硫酸铜晶体 5 g，溶于蒸馏水并稀释至 100 mL，加浓硫酸数滴作稳定剂。

临用时，取 A 液 25 mL，B 液 5 mL，混合后，再加 A 液至 50 mL，摇匀。此混合液置冰箱内可保存数日，如暴露于阳光下，数小时即失效。

(3)酸性钼酸盐溶液

称取钼酸钠 600 g，置烧杯内，加入少量蒸馏水，溶解后倾入 2 000 mL 容量瓶中，加蒸馏水至刻度，摇匀，倾入另一较大的试剂瓶中，加溴水 0.5 mL，摇匀，静置数小时。取上清液 500 mL，置于 1 000 mL 容量瓶中，徐徐加入 225 mL 85%磷酸，边加边摇匀。再加 150 mL 25%硫酸，置暗处至次日，用赶溴装置将剩余的溴赶去（图 2-2），然后加入 75 mL 冰醋酸，摇匀，用蒸馏水稀释至 1 000 mL，贮于棕色瓶中。

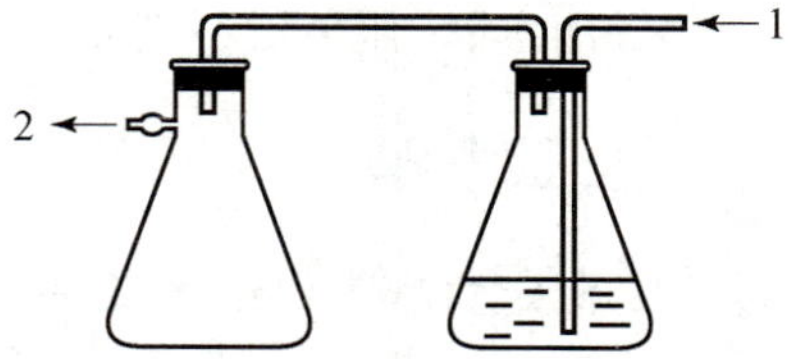


1. 空气 2. 溴气

图 2-2 赶溴装置

(4)10%钨酸钠溶液

钨酸钠 10 g，溶于蒸馏水并稀释至 100 mL。

(5)0.33 mol/L $H_2SO_4$ 溶液

于 53 mL 蒸馏水中加入 1 mL 浓硫酸。

## 四、实验步骤

1. 无蛋白血滤液的制备

用移液器吸取全血(已加抗凝剂—草酸钾或草酸钠)1 mL，缓缓放入 20 mL 锥形瓶内，加水 7 mL，摇匀，溶血后(血液变为红色透明时)加 10% 钨酸钠 1 mL，摇匀，再加 1 mL 0.33 mol/L $H_2SO_4$，随加随摇，加毕充分摇匀，放置 5～15 min，至沉淀由鲜红变为暗棕色。用干滤纸过滤(先倒入液体少许，待滤纸润湿后，再全部倒入)，并在漏斗上盖一表面皿。如滤液不清，需重滤。每 mL 无蛋白血滤液相当于 0.1 mL 全血。

2. 血糖测定

取 25 mL 刻度血糖管 3 支编号。吸取无蛋白血滤液 1 mL 放入第一支血糖管内，再加水 1 mL，第二支血糖管中加 2 mL 标准葡萄糖溶液(1 mL 含 0.1 mg 葡萄糖)，第三支血糖管中加 2 mL 蒸馏水，然后各管再加 2 mL 新配制的碱性硫酸铜溶液，同时置于沸水中煮 8 min，取出，在流水中迅速冷却，各管加 4 mL 酸性钼酸盐溶液，1 min 后，以蒸馏水稀释至 25 mL，混匀，以 3 号管作为空白管调零，于 420～440 nm 测标准管及样品管的吸光度。

## 五、计算

按下式计算 100 mL 全血中所含血糖质量(mg)：

$$m=\frac{A_1c_0}{A_0}\div 0.1\times 100$$

式中：$m$ 为 100 mL 全血中所含血糖质量(mg)；$c_0$ 为葡萄糖标准液浓度，即 0.1 mg/mL；$A_1$ 为未知液吸光度；$A_0$ 为标准液吸光度；0.1 为 1 mL 无蛋白血滤液相当于 0.1 mL 全血；100 即 100 mL 全血。

## 六、注意事项

1. 所用试管要干燥，提前配制好 0.33 mol/L $H_2SO_4$，滤纸过滤完摇匀再取样，保证结果的准确度。

2. 测定时，比色液一定要混匀后测定，因为样液多，上下深浅度不同。

## 七、思考题

1. 测定血糖为何用无蛋白血滤液？

2. Folin-wu 法测定血糖的优缺点是什么？

# 实验 5 血糖的定量测定——Folin-Malmros 法

## 一、实验目的

掌握微量测血糖法(Folin-Malmros)测定血糖含量的原理和方法。

## 二、实验原理

无蛋白血滤液中的葡萄糖与铁氰化钾在碱性环境中共热，铁氰化钾被还原成亚铁氰化钾，亚铁氰化钾再与三价铁反应产生亚铁氰化铁(即普鲁士蓝)，生成的亚铁氰化铁与样品中还原糖含量成正比，可用比色法定量测定，其反应如下：

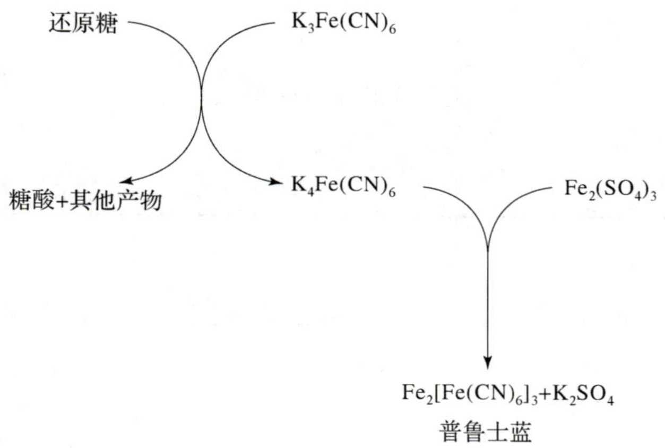


## 三、实验器材和试剂

1. 器材

全血、滤纸、紫外可见分光光度计、水浴锅、离心机、移液器、试管、离心管等。

2. 试剂

(1)0.03 mol/L $H_2SO_4$。

(2)1%钨酸钠溶液。

(3)碱性铁溶液：铁氰化钾 0.8 g，无水碳酸钠 2.0 g，加蒸馏水溶解并稀释至 200 mL，贮于棕色瓶中。

(4)磷铁溶液：硫酸高铁铵 2.0 g，溶于 50 mL 蒸馏水中，再加 85%磷酸 20 mL，最后用蒸馏水稀释至 100 mL。

(5)0.25%苯甲酸。

(6)10 mg/mL 标准葡萄糖贮存液：用 0.25%苯甲酸配制，含糖量 10 mg/mL。

(7)0.05 mg/mL 标准葡萄糖应用液：吸取标准葡萄糖贮存液 5.0 mL，置 100 mL 容量瓶中，用 0.25%苯甲酸稀释至刻度，此溶液含糖量 0.05 mg/mL。

## 四、实验步骤

1. 绘制标准曲线

取试管 6 支，编号，按表 2-3 操作。

表 2-3 标准曲线制作

| | 1 | 2 | 3 | 4 | 5 | 6 |
|---|---|---|---|---|---|---|
| 0.05 mg/mL 标准糖应用液/mL | 0 | 0.1 | 0.2 | 0.3 | 0.4 | 0.5 |
| 蒸馏水/mL | 0.5 | 0.4 | 0.3 | 0.2 | 0.1 | 0 |
| 碱性铁溶液/mL | 1.0 | 1.0 | 1.0 | 1.0 | 1.0 | 1.0 |
| 沸水浴 5 min 后取出，趁热加入磷铁溶液 | | | | | | |
| 磷铁溶液/mL | 1.0 | 1.0 | 1.0 | 1.0 | 1.0 | 1.0 |
| 静置 1 min 后加水 | | | | | | |
| 蒸馏水/mL | 4.5 | 4.5 | 4.5 | 4.5 | 4.5 | 4.5 |
| 混匀后在 670 nm 处比色 | | | | | | |
| 100 mL 全血血糖质量/mg | | | | | | |
| $A_{670}$ nm | | | | | | |

2. 血滤液的制备

取全血 0.02 mL，加入 0.5 mL 0.03 mol/L 硫酸，混后加入 1%钨酸钠 0.5 mL，静置 10 min，离心(3 000 r/min)5 min，取上清液备用。

3. 样品测定

取 0.5 mL 上清液置于试管中，其他条件与做标准曲线相同，由测得的吸光度值从标准曲线上直接查出 100 mL 全血中所含血糖质量(mg)。

## 五、注意事项

1. 加碱性铁溶液后，沸水浴时间应控制在 5～10 min，取出后趁热加磷铁溶液，利用余热加速反应。
2. 吸收光谱在 660～680 nm，颜色能稳定 10 h。
3. 试管注意清洁，防止还原物质污染。
4. 按表操作时因试剂取样量差别小，取样液一定要准确。采血样时要快，取量要准确。

## 六、思考题

利用葡萄糖的氧化-还原反应，还能做哪些实验？

# 实验 6　血液中葡萄糖的测定——邻甲苯胺法

## 一、实验目的

掌握邻甲苯胺法测定血液中葡萄糖的原理和方法。

## 二、实验原理

血清样品中的葡萄糖在酸性环境中与邻甲苯胺共热时，葡萄糖脱水转化为 5-羟甲基-α-呋喃甲醛，后者与邻甲苯胺结合为蓝绿色的醛亚胺(Schiff 碱)，血清中的蛋白质溶解在冰醋酸和硼酸中不发生混浊。将标准葡萄糖溶液与样品按相同方法处理，在 630 nm 波长处比色即可测得样品中葡萄糖含量。其反应式如下：

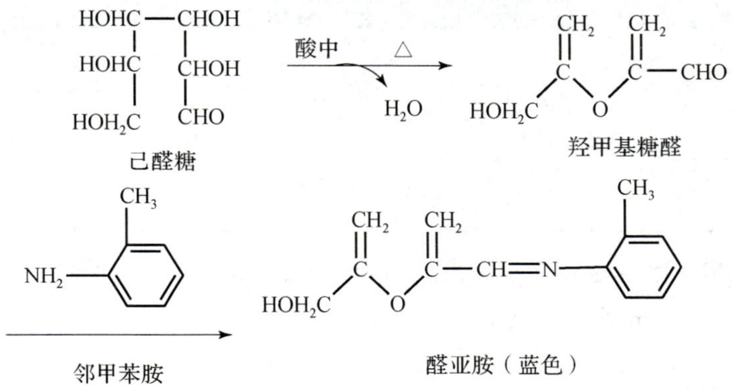


邻甲苯胺法对葡萄糖特异性高，测定结果为真糖值，为临床上常用的血糖测定方法。此方法不受血液中其他还原物质的干扰，测定时也无需去除血浆或血清中的蛋白质。邻甲苯胺法测得人正常空腹血糖值为 3.9～6.11 mmol/L(即 100 mL 血清中葡萄糖的正常值为 70～100 mg)。各种动物每 100 mL 血清中葡萄糖的正常值为 40～200 mg。

血液葡萄糖在进食后会明显升高，所以必须采取空腹血做血液葡萄糖测定。血细胞糖酵解作用会降低血液葡萄糖浓度，所以血液抽出后应及时测定，或用含氟化钠的抗凝剂抑制糖酵解，可稳定 24 h。

## 三、实验器材和试剂

1. 器材

天平、量筒、容量瓶、玻璃棒、移液器、烧杯、大试管与试管架、电炉、水浴锅、紫外可见分光光度计等。

2. 试剂

(1)邻甲苯胺试剂：称取硫脲(AR)1.5 g，溶于 883.2 mL 冰醋酸(AR)中，加邻甲苯胺 76.3 mL，混合后加入饱和硼酸溶液 40 mL，置棕色瓶中至少可用两个月。此试剂腐蚀性强，应避免接触皮肤。

(2)饱和硼酸溶液：称取硼酸 6.0 g 溶于 100 mL 蒸馏水中放置一夜后过滤即可。

(3)葡萄糖标准储存液(1 mL=10 mg)：称取无水葡萄糖(烘箱 80 ℃烘至恒重，干燥器保存)1.0 g，加蒸馏水定容到 100 mL。

(4)葡萄糖标准应用液(1 mL=1 mg)：将葡萄糖标准储存液用蒸馏水稀释 10 倍即可，存于冰箱内备用。

## 四、实验步骤

1. 血浆的制备

采待测血样(抗凝)后立即离心，分离血浆(3 000 r/min，离心 15 min)。

2. 测定

取干燥试管 3 支标号，按表 2-4 操作。

表 2-4 邻甲苯胺法操作表 mL

| | 测定管 | 标准管 | 空白管 |
|---|---|---|---|
| 血浆 | 0.1 | — | — |
| 葡萄糖标准液 | — | 0.1 | — |
| 蒸馏水 | — | — | 0.1 |
| 邻甲苯胺液 | 5 | 5 | 5 |

混匀，置沸水浴中加热 8 min 后取出，用流水冷却。30 min 内在 630 nm 处，以空白管调零，迅速读取各管 630 nm 处吸光度值。

3. 计算

$$血糖(mg/100\ mL)=\frac{测定管吸光值}{标准管吸光值}\times 0.1\times\frac{100}{0.1}=\frac{测定管吸光值}{标准管吸光值}\times 100$$

## 五、注意事项

1. 测定动物血液葡萄糖含量应在畜禽饲喂前采血，病畜禽要在补糖前采血，否则结果易偏高。

2. 采血后最好在 2～4 h 内测定完毕。若放置过久，由于红细胞的酵解作用，会使结果偏低。

各地报告的正常值如下：马 72～113 mg，奶牛 58～90 mg，猪 59～63 mg，羊 60～90 mg。动物血糖含量增高，见于酸中毒，脑脊髓炎。血糖含量减少，见于肝脏疾病，毒物中毒，营养不良与饥饿，乳牛生产瘫痪等。新生仔猪低血糖症时，血糖显著降低。

## 六、思考题

1. 简述邻甲苯胺法测定血液中葡萄糖的原理和方法。
2. 动物血液中葡萄糖的浓度偏高和偏低会出现哪些症状？

# 实验 7 总糖和还原糖的测定——3,5-二硝基水杨酸法

## 一、实验目的

掌握还原糖和总糖的测定原理，学习用 3,5-二硝基水杨酸法测定还原糖的方法。

## 二、实验原理

单糖和某些寡糖含有游离的醛基或酮基，有还原性，属于还原糖；而多糖和蔗糖等属于非还原性糖。利用多糖能被酸水解为单糖的性质可以通过测定水解后的单糖含量对总糖进行测定。

还原糖在碱性条件下加热被氧化成糖酸及其他产物，3,5-二硝基水杨酸则被还原为棕红色的 3-氨基-5-硝基水杨酸。在过量的 NaOH 碱性溶液中此化合物呈橘红色，在 540 nm 处一定的浓度范围内还原糖的量与光吸收值呈线性关系，利用比色法可测定样品中的含糖量和总糖的含量。

## 三、实验器材和试剂

1. 器材

电炉、紫外可见分光光度计、试管、pH 试纸（1～14）、移液器、容量瓶、量筒、研钵、三角烧瓶、玻璃漏斗、水浴锅、电子分析天平。

2. 试剂

（1）山芋粉或其他植物待测品。

（2）标准葡萄糖溶液（1.0 mg/mL）：准确称取干燥恒重的葡萄糖 100 mg，溶于蒸馏水并定容至 100 mL，混匀，4 ℃冰箱中保存备用。

（3）3,5-二硝基水杨酸（DNS）试剂：将 6.3 g DNS 和 262 mL 2 mol/LNaOH 溶液，加到 500 mL 含有 185 g 酒石酸钾钠的热水溶液中，再加 5 g 结晶酚和 5 g 亚硫酸钠，搅拌溶解，冷却后加蒸馏水定容至 1 000 mL，贮于棕色瓶中备用。

（4）6 mol/L HCl：取 250 mL 浓 HCl（35%～38%），用蒸馏水稀释到 500 mL。

（5）6 mol/L NaOH：称取 24 g NaOH 溶于蒸馏水并稀释至 100 mL。

（6）碘-碘化钾溶液：称取 5 g 碘，10 g 碘化钾溶于 100 mL 蒸馏水中。

## 四、实验步骤

1. 葡萄糖标准曲线的制作

取干净试管 6 支编号，按表 2-5 进行操作。

表 2-5 标准曲线制作

| | 0 | 1 | 2 | 3 | 4 | 5 |
|---|---|---|---|---|---|---|
| 标准葡萄糖溶液/mL | 0 | 0.1 | 0.2 | 0.3 | 0.4 | 0.5 |
| 蒸馏水/mL | 0.5 | 0.4 | 0.3 | 0.2 | 0.1 | 0 |
| DNS 试剂/mL | 1 | 1 | 1 | 1 | 1 | 1 |
| 沸水浴 5 min，取出冷却室温后加入下列试剂 | | | | | | |
| 蒸馏水/mL | 5 | 5 | 5 | 5 | 5 | 5 |
| 各管葡萄糖含量/mg | 0 | 0.1 | 0.2 | 0.3 | 0.4 | 0.5 |
| $A_{540\ nm}$ | | | | | | |

以 1 号管调零，以吸光度为纵坐标，以各管糖含量为横坐标作图得标准曲线，标准曲线要经过原点。

2. 样品中还原糖的提取和测定

准确称取 0.3 g 山芋粉，加蒸馏水约 2 mL，在研钵中磨成匀浆，转入三角烧瓶中，并用少量蒸馏水冲洗研钵 2～3 次，洗出液也转入三角烧瓶中。于 50 ℃水浴中保温 0.5 h，不时搅拌，使还原糖浸出。将浸出液(含沉淀)转移到 50 mL 离心管中，于 4 000 r/min 离心 5 min，沉淀用 20 mL 蒸馏水洗一次，再离心，将两次离心的上清液合并，用蒸馏水定容至 50 mL，混匀，作为还原糖待测液。取 1 mL 进行还原糖的测定。

3. 样品中总糖的水解、提取和测定

准确称取 0.3 g 山芋粉，加蒸馏水约 3 mL，在研钵中磨成浆，转入三角烧瓶中，并用约 10 mL 的蒸馏水冲洗研钵 2～3 次，洗出液也转入三角烧瓶中。再向三角烧瓶中加入 6 mol/L 盐酸 10 mL，摇匀后在沸水浴中水解 20 min，取出 1～2 滴置于白瓷板上，加 1 滴 $I_2$-KI 溶液检查水解是否完全。如已水解完全，则不显蓝色。水解完毕，冷却至室温后用 6 mol/L NaOH 溶液中和至 pH 呈中性。然后用蒸馏水定容至 50 mL，过滤，取滤液 5 mL，用蒸馏水定容至 50 mL，稀释成总糖水解液。取 1 mL 总糖水解液，测定其含量。按下表 2-6 操作。

表 2-6 样品含糖量的测定

mL

| | 1 | 2 | 3 | 4 | 5 |
|---|---|---|---|---|---|
| 还原糖待测样品 | 0 | 0.5 | 0.5 | 0 | 0 |
| 总糖待测样品 | 0 | 0 | 0 | 0.5 | 0.5 |
| 蒸馏水 | 0.5 | 0 | 0 | 0 | 0 |
| DNS 试剂 | 0.5 | 0.5 | 0.5 | 0.5 | 0.5 |
| 沸水浴中保温 5 min，取出自来水冷却后加入蒸馏水 | | | | | |
| 蒸馏水 | 5 | 5 | 5 | 5 | 5 |
| $A_{540}$ | | | | | |

各管摇匀，以 1 号管调零，测各管吸光度 $A_{540}$。用各管读数分别在标准曲线上查出相应的含糖量，记录数据。

## 五、计算

按照下列公式分别计算山芋粉中还原糖和总糖的百分含量。

$$还原糖=\frac{c_1V_1}{m}\times100\%$$

$$总糖=\frac{c_2V_2}{m}\times100\%$$

式中:还原糖和总糖均为质量分数(%);$c_1$ 为还原糖的质量浓度(mg/mL);$c_2$ 为水解后还原糖的质量浓度(mg/mL);$V_1$ 为样品中还原糖提取液的体积(mL);$V_2$ 为样品中总糖提取液的体积(mL);$m$ 为样品的质量(mg)。

## 六、注意事项

1. 使用离心机,一定要注意相对的两个离心管的平衡。
2. 样品中总糖的水解,要保证水解完全。
3. 稀释液倍数,可根据具体情况决定,有时候可超过标示倍数。

## 七、思考题

1. 为何在 3,5-二硝基水杨酸试剂中加入结晶酚和亚硫酸钠?
2. 将测得的数据与文献值比较,如有误差,请分析造成误差的原因。

# 实验 8　血清总脂测定——香草醛法

## 一、实验目的

1. 掌握血清总脂的测定原理与方法。
2. 熟练掌握分光光度计的使用方法。

## 二、实验原理

血清中不饱和脂类与浓硫酸作用,并经水解后生成碳正离子。试剂中香草醛与浓磷酸的羟基作用生成芳香族的磷酸酯,由于改变了香草醛分子中的电子分配,使醛基变成活泼的羰基。此羰基即与碳正离子起反应,生成红色的醌化合物,其强度与碳正离子成正比。

## 三、实验器材和试剂

1. 器材

天平、量筒、容量瓶、玻璃棒、试剂瓶、移液器、烧杯、大试管与试管架、电炉、水浴锅、分光光度计。

2. 试剂

(1)胆固醇标准液(6 mg/mL):精确称取纯胆固醇 600 mg,溶于无水乙醇并定容至 100 mL。

(2)显色剂:先配制 0.6%的香草醛水溶液 200 mL,再加入浓磷酸 800 mL,贮存于棕色瓶可保存 6 个月。

(3)浓硫酸:分析纯,密度 1.84 g/cm$^3$,含量 95%以上。

(4)浓磷酸:分析纯,密度 1.71 g/cm$^3$,含量 85%以上。

## 四、操作步骤

1. 测定

取 3 支洁净试管,按表 2-7 操作。

表 2-7　血清总脂实验试剂添加　　mL

| | 空白管 | 标准管 | 测定管 |
|---|---|---|---|
| 血清 | — | — | 0.02 |
| 胆固醇标准液 | — | 0.02 | — |
| 浓硫酸 | 1.0 | 1.0 | 1.0 |
| 充分混匀,放置沸水浴 10 min,使脂类水解,冷水冷却 | | | |
| 显色剂 | 4.0 | 4.0 | 4.0 |

用玻棒充分搅匀,放置 20 min,在 525 nm 波长处或用绿色滤光板比色,空白管调节“0”点,分别读取各管光密度值。

2. 计算

$$血清总脂(mg/100\ mL)=\frac{测定管吸光值}{标准管吸光值}\times 0.12\times\frac{100}{0.02}=\frac{测定管吸光值}{标准管吸光值}\times 600$$

## 五、注意事项

1. 总脂是血清脂类的总和，包括饱和及不饱和的脂类。本实验中的呈色反应，不饱和脂类比饱和脂类呈色强。血清中饱和脂与不饱和脂类的比例约为 3∶7。因此要测定血清的标准总脂含量最好选用称量法。本实验中采用胆固醇（或橄榄油）作标准的测定法其结果比较接近实际情况，而且方法简易，所以目前多用此法作血清总脂的测定。

2. 本法试剂多系浓酸，黏稠度大，取量时吸管内试剂要慢放，避免因放液过快试剂附着于管壁过多而造成误差，并且应注意安全。

3. 血清中脂质含量过多时，可用生理盐水稀释后再行测定，将结果乘以稀释倍数。

## 六、思考题

1. 叙述血清总脂的测定原理与方法。
2. 测定血清总脂的临床意义。

# 实验 9　血清甘油三酯含量的测定——乙酰丙酮显色法

## 一、实验目的

学习用乙酰丙酮显色法测定血清甘油三酯的原理及方法。

## 二、实验原理

血清甘油三酯(TG)是血脂的成分之一,由 3 分子脂肪酸和 1 分子甘油酯化而成,是体内能量的重要来源。血液中的甘油三酯主要来自食物中,通过肠道摄取,同时肝脏也是合成甘油三酯的主要器官。测定血清甘油三酯水平主要用于了解机体内甘油三酯代谢状况。血清甘油三酯测定方法一般可分为化学法、酶法和色谱法三大类。本方法将血清中的甘油三酯经正庚烷-异丙醇混合溶剂抽提后,用氢氧化钾皂化得到甘油,甘油被过碘酸氧化生成甲醛,最后甲醛与乙酰丙酮在氨的存在下,反应生成黄色的 3,5-二乙酰-2,6-二甲基吡啶化合物。用相同方法处理标准品后同时比色测定,则可求得样品中甘油三酯含量。

## 三、实验器材和试剂

1. 器材

分光光度计、移液器、电子天平、恒温水浴锅、振荡器、试管、棕色试剂瓶等。

2. 试剂

(1)动物血清。

(2)试剂。

①提取液:将正庚烷、异丙醇按 2∶3.5 比例混合使用。此液可选择性地提取血清中的甘油三酯。加入稀硫酸后将磷脂留入水相中,省去吸附除去磷脂的步骤。

②皂化剂:称取 6 g KOH,溶于 60 mL 蒸馏水中,加入 40 mL 异丙醇,混匀后置于棕色瓶中,室温保存。

③氧化剂:称取 130 mg 过碘酸钠,溶于约 50 mL 蒸馏水中,先加入 8 g 无水乙酸铵,待完全溶解后再加入 6 mL 冰乙酸,最后加水至 100 mL,混匀,置于棕色瓶备用。

④显色剂:取 0.4 mL 乙酰丙酮,加异丙醇至 100 mL,混匀,置于棕色瓶中备用。

⑤甘油三酯标准液(1.13 mmol/L):准确称取甘油三酯 100 mg,以提取液稀释至 100 mL,置于冰箱保存备用。

⑥0.04 mol/L $H_2SO_4$:量取浓硫酸(95%~98%)0.16 mL,用蒸馏水定容至 72 mL。

## 四、实验步骤

取干净试管 3 支,分别标上空白管、标准管和测定管,按表 2-8 操作。

混匀后充分振荡 20 min,然后静置分层,分别吸取上清液 0.3 mL 于另外同样编号的试管中,按表 2-9 操作。

表 2-8　甘油三酯的提取

mL

| | 空白管 | 标准管 | 测定管 |
|---|---|---|---|
| 血清 | — | — | 0.2 |
| 甘油三酯标准液 | — | 0.2 | — |
| 蒸馏水 | 0.2 | 0.2 | — |
| 提取液(边加边摇) | 2.5 | 2.3 | 2.5 |
| 0.04 mol/L $H_2SO_4$ | 0.5 | 0.5 | 0.5 |

表 2-9　显色反应

mL

| | 空白管 | 标准管 | 测定管 |
|---|---|---|---|
| 上层提取液 | 0.3 | 0.3 | 0.3 |
| 异丙醇 | 1.0 | 1.0 | 1.0 |
| 皂化剂 | 0.3 | 0.3 | 0.3 |
| | 振荡 30 s,放入 65 ℃水浴 3 min | | |
| 氧化剂 | 1.0 | 1.0 | 1.0 |
| 显色剂 | 1.0 | 1.0 | 1.0 |

各管充分摇匀后,放入 65 ℃水浴 15 min,取出冷却,以空白管调零,在 420 nm 处测各管吸光度($A$)。

## 五、计算

据下式计算甘油三酯含量:

$$甘油三酯含量(mmol/L)=\frac{A_{测}}{A_{标}}\times 1.13$$

($A_{测}$是测定管的吸光值,$A_{标}$是标准管的吸光值)

参考范围:0.11～1.69 mmol/L。

## 六、注意事项

1. 实验过程中每加一次试剂都必须充分摇匀。

2. 提取时充分摇匀后静置,待完全分层后才能吸取上层液体,并注意不要带出下层液体,否则显色时将发生浑浊。

3. 葡萄糖、胆红素以及严重溶血对测定结果无明显影响。抗凝剂(如肝素、$EDTANa_2$ 和草酸钠)也无干扰;但柠檬酸三钠在通常浓度下可使结果偏低。

4. 皂化、氧化与显色的温度和时间对吸光度均有影响。因此,每批标本都需要做标准管,而不宜从别的标准曲线直接查取结果。

5. 血清甘油三酯在 3.39 mmol/L 以下时,其吸光度和浓度成直线关系。含量高时,应将血清稀释后再行测定。

## 七、思考题

1. 与血脂升高有关的疾病有哪些?

2. 人为什么随年龄的增长,血清中的甘油三酯有逐步升高的趋势?

# 实验 10 血清胆固醇的测定——磷硫铁法

## 一、实验目的

1. 掌握血清胆固醇总量测定的实验原理。
2. 掌握血清胆固醇总量测定的实验操作。

## 二、实验原理

胆固醇是人和动物组织细胞所不可缺少的重要物质，是形成细胞膜的重要物质。

胆固醇存在两种形式：游离的胆固醇、胆固醇酯。胆固醇必须和脂蛋白结合才能运送体内各部分，脂蛋白又分低密度脂蛋白 LDL 和高密度脂蛋白 HDL。血液中胆固醇含量过高，表示胆固醇代谢可能发生障碍。冠状动脉粥样硬化患者的血清胆固醇含量往往偏高。因此临床测定血清胆固醇含量将有助于诊断某些疾病。

血清中胆固醇的含量测定方法有多种，如化学法、酶法、同位素稀释质谱分析法、气相和高效液相色谱法等。磷硫铁法属于化学法，测定血清中胆固醇含量操作简便，精确度较高。血清经无水乙醇处理，蛋白质产生沉淀，胆固醇及其酯则溶于其中。在乙醇提取液中，加磷硫铁试剂（即浓硫酸和三价铁溶液），胆固醇及其酯与试剂形成比较稳定的紫红色化合物，呈色程度与胆固醇及其酯含量成正比，可用 560 nm 比色进行定量测定。

## 三、实验器材和试剂

1. 器材

离心机、分光光度计、试管、移液器、容量瓶、棕色容量瓶、棕色试剂瓶等。

2. 试剂

（1）动物血清。

（2）10% $FeCl_3$：称取 10 g $FeCl_3 \cdot 6H_2O$ 溶于 85%～87%浓磷酸中，然后用蒸馏水定容至 100 mL，存于棕色瓶内。

（3）磷硫铁试剂：取 10% $FeCl_3$ 溶液 1.5 mL，以浓硫酸定容至 100 mL 棕色容量瓶中。

（4）1.0 mg/mL 胆固醇标准储液：称取胆固醇 100 mg，用无水乙醇定容至 100 mL，棕色瓶低温储存。

（5）0.05 mg/mL 胆固醇标准溶液：取 2.5 mL 1.0 mg/mL 胆固醇标准储液，用无水乙醇定容至 50 mL。

## 四、实验步骤

1. 胆固醇的提取

吸取 0.2 mL 血清置于干离心管中，加无水乙醇 4.8 mL（向管吹入冲散血清，使蛋白成细颗粒），加盖，用力振荡或涡旋 10 s，静置 5 min，然后以 3 000 r/min 离心 5 min，取上清液，备用。

2. 比色测定

取干燥试管4支编号，分别按表2-10添加试剂。

表2-10 试剂添加

mL

| | 1(空白管) | 2(标准管) | 3(样品管1) | 4(样品管2) |
|---|---|---|---|---|
| 无水乙醇 | 2.0 | — | — | — |
| 胆固醇标准液 | — | 2.0 | — | — |
| 胆固醇提取液 | — | — | 2.0 | 2.0 |
| 磷硫铁试剂 | 2.0 | 2.0 | 2.0 | 2.0 |

各管摇匀，室温放置20 min后，560 nm以空白管调零读取各管吸光度。

## 五、结果计算

计算公式：血清胆固醇含量(mg/100 mL)

$$血清胆固醇含量=\frac{样品液\ A_{560}}{标准液\ A_{560}}\times 0.05\times\frac{100}{0.04}$$

正常人血清胆固醇含量范围100～250 mg/100 mL。年轻的成年人若血清胆固醇等于或大于300 mg/100 mL，这是冠心病的标志。其他疾病如肾炎、糖尿病、黏液性水肿和黄瘤也呈血清胆固醇高水平。

## 六、注意事项

1. 实验操作中，小心操作浓硫酸、浓磷酸。

2. 硫铁试剂应沿管壁缓慢加入，如室温过低(15 ℃以下)可先将离心管上层清液置37 ℃恒温水浴中片刻，然后加磷硫铁试剂显色，分成两层后，轻轻旋转试管，混合均匀。

3. 所用试管、比色杯均需干燥，如有水分，必然影响呈色反应。

4. 胆固醇含量过高时，应先将血清用生理盐水稀释后再测定，其结果乘以稀释倍数。

5. 呈色反应稳定仅约1 h，需1 h内测定完毕。

## 七、思考题

1. 简述测定血清胆固醇的原理和方法。

2. 测定胆固醇的临床意义是什么？

CHAPTER 3

# 第三章 蛋白质和酶

## 实验1　蛋白质及氨基酸双缩脲反应

### 一、实验目的

掌握双缩脲脉法定量测定蛋白质含量的原理和方法。

### 二、实验原理

双缩脲（$H_2NOC—NH—CONH_2$）是两分子尿素经 180 ℃左右加热，放出一分子氨（$NH_3$）后得到的产物。在强碱溶液中，双缩脲与 $CuSO_4$ 形成紫色络合物，称为双缩脲反应。其原因是含有两个及以上肽键或类似肽键的有机化合物都具有类似双缩脲反应。

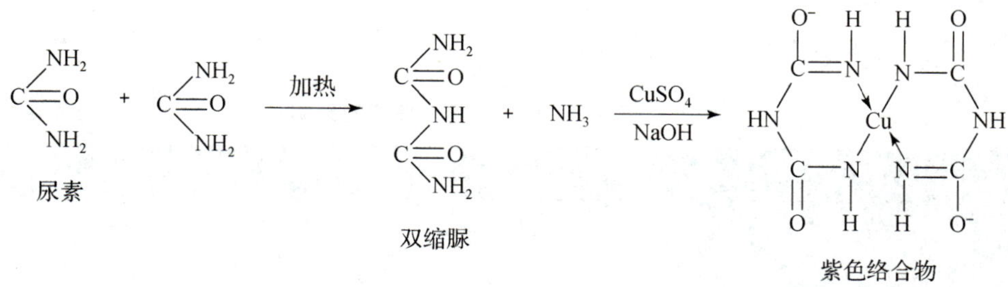


蛋白质含有多个肽键，有双缩脲反应，因此在碱性溶液中蛋白质与 $CuSO_4$ 形成紫红色络合物，其颜色的深浅与蛋白质的浓度成正比，而与蛋白质的分子量及氨基酸成分无关，故被广泛用来测定蛋白质含量。该法对样品中蛋白质含量要求相对较高，一般在 1～10 mg/L 蛋白质。Tris（三甲羟基氨基甲烷）、一些氨基酸、EDTA（乙二胺四乙酸）、草二酰胺、多肽等会干扰该测定。在一定浓度范围内，反应后颜色与被测样品蛋白质含量呈线性关系，即蛋白质浓度越高，体系的颜色越深。反应产物在 540 nm 处有最大吸收峰(吸光度)。

将未知浓度的样品溶液与一系列已知浓度的标准蛋白质溶液同时与双缩脲试剂反应并在 540 nm 处比色，可通过标准浓度蛋白质(可以用结晶的牛或人血白蛋白、卵清蛋白或粉末配制)绘制的标准曲线，求得未知样品中的蛋白质含量(浓度)。

由于本法操作简便、迅速、蛋白质浓度与光密度的线性关系好，因此，需要快速测定蛋白质含量，而对精度要求不高的实验可采用此法。

血清总蛋白含量关系到血液与组织间水分的分布情况，在机体脱水的情况下，血清总蛋白质含量升高，而在机体发生水肿时，血清蛋白含量下降，所以测定血清蛋白质含量具有临床意义。

## 三、实验器材和试剂

1. 器材

紫外-可见光分光光度计、水浴锅、分析天平、振荡器、漏斗、试管架、具塞三角瓶、容量瓶、移液器、试管等。

2. 试剂

(1)称取硫酸铜($CuSO_4 \cdot 5H_2O$)1.5 g 和酒石酸钾钠($NaKC_4H_4O_6 \cdot 4H_2O$)6.0 g 溶于 500 mL 蒸馏水中，边搅拌边加入 300 mL 10%(质量分数)的 NaOH 溶液，然后用蒸馏水定容至 1 000 mL。将该试剂存于塑料瓶或内壁涂以石蜡的瓶内(如无红色或黑色沉淀出现，此试剂可长期保存)。

(2)0.05 mol/L 的 NaOH。

(3)10 mg/mL 标准酪蛋白溶液：准确称取 1.0 g 蛋白(干酪素)，溶于 0.05 moL/L 的 NaOH 溶液中定容至 100 mL，即为标准溶液。

(4)未知蛋白质溶液：浓度应在 1～10 mg/L 范围内。可根据条件选用家畜血清，用水稀释 10 倍，置于冰箱保存备用。

## 四、实验步骤

1. 绘制标准曲线

取 6 支试管编号，按表 3-1 加入试剂。

表 3-1　双缩脲法测定-标准曲线的绘制

| 试剂 | 1 | 2 | 3 | 4 | 5 | 6 |
|---|---|---|---|---|---|---|
| 标准蛋白质/mL | 0 | 0.2 | 0.4 | 0.6 | 0.8 | 1.0 |
| 蒸馏水/mL | 1.0 | 0.8 | 0.6 | 0.8 | 0.2 | 0 |
| 蛋白质含量/mg | 0 | 2.0 | 4.0 | 6.0 | 8.0 | 10.0 |
| 双缩脲试剂/mL | 4.0 | 4.0 | 4.0 | 4.0 | 4.0 | 4.0 |

混匀，在室温下(15～25 ℃)静置 30 min 后，用 1 号管调零，于 540 nm 波长下测定其吸光值。以吸光值为纵坐标，酪蛋白的含量为横坐标绘制标准曲线，作为定量的依据。

2. 样品测定

(1)家畜血清样品的制备。动物空腹采静脉血,不加抗凝剂,在室温下自行凝固血块收缩析出血清。析出血清后及时分离之,以防溶血,根据情况稀释 10～20 倍,置于冰箱保存。

(2)样品测定。取 3 支试管,分别加入血清 1.0 mL,再分别加入双缩脲试剂 4.0 mL,混匀,室温静置 15 min 后,用表 3-1 的 1 号管调零,于 540 nm 波长测其吸光值,在标准曲线上查出相应的蛋白质含量,再按照稀释倍数计算出每毫升血清原液的蛋白质含量。

## 五、结果计算

求 3 支试管样品吸光度的平均值,对照标准曲线,查出样品蛋白质含量,按公式计算血清原液蛋白质浓度。

$$M=\frac{X}{V}$$

式中:$M$ 为稀释血清中的蛋白质含量(mg/mL),$X$ 为样品的吸光值在标准曲线中对应的蛋白质含量(mg);$V$ 为测定时吸取稀释液的体积(mL)。

## 六、注意事项

1. 应在显色后 30 min 内比色测定,且各管由显色到比色的时间应尽可能一致,30 min 后可能产生雾状沉淀。
2. 样品中如果有大量脂肪性物质存在,可以先用乙醇或石油醚离心取上清液进行测定。
3. 血清稀释液的吸光值应在标准曲线范围内,如大于 6 号管的吸光度,应稀释后再测定。

## 六、思考题

1. 对于作为标准的蛋白质应有何要求?
2. 双缩脲法测定蛋白质浓度的优缺点有哪些?

# 实验 2　蛋白质及氨基酸茚三酮反应

## 一、实验目的

1. 了解某些氨基酸和蛋白质的颜色反应原理。
2. 学习常用的鉴定氨基酸和蛋白质的方法。

## 二、实验原理

当茚三酮在弱酸性条件下和 α-氨基酸反应时，氨基酸被氧化分解生成醛，放出 $NH_3$ 和 $CO_2$，水合茚三酮则变成还原型茚三酮，然后还原型茚三酮与 $NH_3$ 及另一分子茚三酮进一步缩合生成蓝紫色化合物，最大吸收值的波长为 570 nm，此反应为一切 α-氨基酸所共有反应，脯氨酸和羟脯氨酸由于其 α-氨基被取代，与茚三酮反应生成黄色化合物，最大吸收值的波长在 440 nm。因此，这个反应不仅用于定量测定氨基酸，也可用于氨基酸的定性分析。此反应目前广泛地应用于氨基酸定量测定。

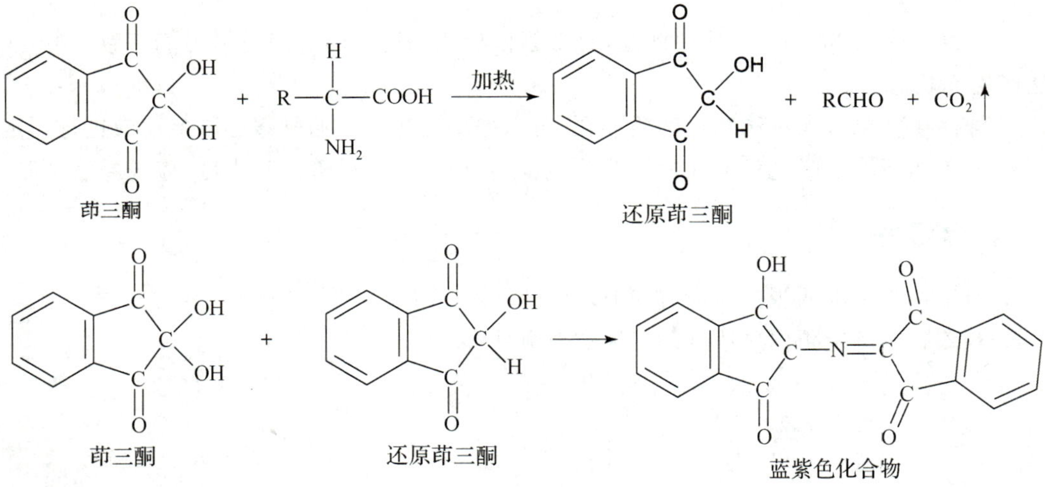


## 三、实验仪器和试剂

1. 器材

试管、酒精灯、试管夹、试管架、滤纸、电磁炉等。

2. 试剂

(1)蛋白质溶液：2%卵清蛋白或新鲜鸡蛋清溶液(蛋清：水=1：9)。

(2)0.5%(*m*/*V*)甘氨酸溶液：0.5 g 甘氨酸溶于蒸馏水并定容 100 mL。

(3)0.1%(*m*/*V*)茚三酮水溶液：0.1 g 茚三酮溶于蒸馏水并定容至 100 mL。

(4)0.1%(*m*/*V*)茚三酮-乙醇溶液：0.1 g 茚三酮溶于 95%乙醇并稀释至 100 mL。

## 四、实验步骤

取 2 支试管分别加入卵清蛋白液和甘氨酸溶液 1 mL，再各加 0.5 mL 0.1%茚三酮-乙醇溶液，混匀后在沸水浴中加热 1～2 min，观察颜色变化并记录。在一小块滤纸上滴 1 滴甘氨酸液，风干后再在原处滴 1 滴 0.1%茚三酮-乙醇溶液，在微火旁烘干显色，观察有色斑点的出现并记录。

## 五、思考题

1. 茚三酮反应的阳性结果为何种颜色？
2. 茚三酮反应呈阳性能否用于鉴定蛋白质存在的推论？

# 实验 3　蛋白质的两性性质及等电点的测定

## 一、实验目的

掌握利用溴甲酚绿颜色指示法测定蛋白质等电点。

## 二、实验原理

蛋白质是由许多氨基酸组成的，故也是两性电解质。蛋白质分子中可以解离的基团除末端 α-氨基与羧基外，还有肽链上氨基酸残基的侧链基团，如非 α-羧基及氨基、胍基、咪唑基等基团，它们都能解离成带电基团。因此，蛋白质分子与氨基酸一样，在酸性溶液中作碱性解离，成为带正电荷的阳离子，在碱性溶液中作酸性解离，成为带负电荷的阴离子。

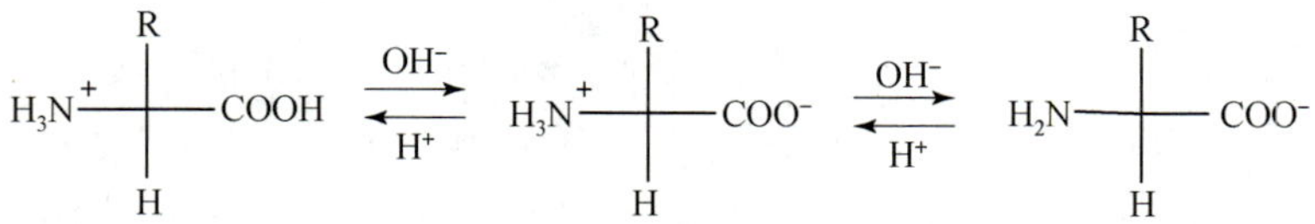

在一定氢离子浓度时，蛋白质分子的酸性解离与碱性解离相等，成为中性颗粒，所带正负电荷相等，净电荷为零，此时溶液的 pH 称为蛋白质的等电点(pI)。在等电点时蛋白质分子在电场中既不向阴极移动，也不向阳极移动，而且分子间因碰撞而引起聚沉的倾向增加，此时蛋白质溶解度最小，若再加入乙醇、丙酮等试剂与蛋白质分子争夺水分子，减小了蛋白质分子外水化膜的厚度，而使浑浊度增加。蛋白质等电点与所含氨基酸种类和数量有关，若蛋白质含酸性氨基酸多，则等电点多略呈酸性，如胃蛋白酶的等电点为 pH 1 左右，也有一些蛋白质含碱性氨基酸多，则等电点偏碱性。如鱼精蛋白等电点为 pH 12.0～12.4，含酸性和碱性氨基酸残基数目相近的蛋白质，其等电点中性偏酸约为 pH 5。本实验采用酪蛋白在不同 pH 溶液中形成的混浊度来确定其等电点，即混浊度最大的溶液 pH 为该种蛋白质的等电点。

## 三、实验器材和试剂

1. 器材

试管架、试管、移液器等。

2. 试剂

(1)1 mol/L 醋酸溶液：量取 99.5%醋酸(密度 1.05 g/cm$^3$)2.875 mL，加蒸馏水(下同)至 50 mL。

(2)0.1 mol/L 醋酸溶液：量取 1 mol/L 醋酸 5 mL，加水至 50 mL。

(3)0.01 mol/L 醋酸溶液：量取 0.1 mol/L 醋酸 5 mL，加水至 50 mL。

(4) 0.2 mol/L 氢氧化钠溶液：先称取氢氧化钠(分析纯)2 g，加水至 50 mL，配成 1 mol/L 氢氧化钠。然后量取 1 mol/L 氢氧化钠 10 mL，加水至 50 mL，配制成 0.2 mol/L 氢氧化钠。

(5) 0.2 mol/L 盐酸溶液：先量取 37.2%盐酸(比重 1.19)4.17 mL，加水至 50 mL，配成 1 mol/L 盐酸，然后量取 1 mol/L 的盐酸 10 mL，加水至 50 mL，配成 0.2 mol/L 盐酸。

(6)0.01%溴甲酚绿指示剂:称取溴甲酚绿 0.005 g、加 0.29 mL 1 mol/L 氢氧化钠,然后加水至 50 mL。

(7)0.5%酪蛋白溶液:称取纯净酪蛋白 0.25 g 放入 50 mL 容量瓶内,加水约 20 mL,再准确加入 1 mol/L 氢氧化钠 5 mL,当酪蛋白溶解后,准确加入 1 mol/L 醋酸 5 mL,最后加水稀释至 50 mL,充分摇匀。

**注:**氢氧化钠和醋酸溶液的浓度要标定。

## 四、实验步骤

蛋白质的两性反应:

1. 取 1 支试管,加 0.5%酪蛋白 1 mL,再加溴甲酚绿(pH 3.8~5.4)指示剂 2~3 滴,摇匀。此时溶液呈蓝色,无沉淀生成,说明了什么?

2. 用滴管慢慢加入 0.2 mol/L 盐酸,随加随摇直至有明显大量的沉淀生成,此时溶液的 pH 接近酪蛋白的等电点,观察溶液颜色有何变化?

3. 继续滴加 0.2 mol/L 盐酸,沉淀会逐渐减少消失。观察此时溶液的颜色有何变化,说明什么?

4. 滴加 0.2 mol/L 氢氧化钠进行中和,沉淀又出现。继续滴加 0.2 mol/L 氢氧化钠液,沉淀又逐渐消失,从溶液的颜色变化说明什么?

蛋白质等电点的测定:

取 5 支试管依次标号,按下表 3-2 添加试剂,立即摇匀,观察混浊度。各管混浊度以一、±、+、++、+++表示。指出酪蛋白的等电点。

表 3-2 蛋白质等电点测定操作表 mL

| 试剂 | | 编号 | | | | |
|---|---|---|---|---|---|---|
| | | 1 | 2 | 3 | 4 | 5 |
| 蒸馏水 | | 1.6 | — | 3.0 | 1.5 | 3.4 |
| 0.01 mol/醋酸 | | — | — | — | 2.5 | 0.6 |
| 0.1 mol/L 醋酸 | | — | 4.0 | 1.0 | — | — |
| 1 mol/L 醋酸 | | 2.4 | — | — | — | — |
| 0.5%酪蛋白 | | 1.0 | 1.0 | 1.0 | 1.0 | 1.0 |
| pH | | 3.5 | 4.1 | 4.7 | 5.3 | 5.9 |
| 观察 | 0 min | | | | | |
| | 5 min 后 | | | | | |

## 五、注意事项

1. 实验过程中试剂的量取一定要精确。
2. 试剂滴加过程中注意边加边摇匀。

## 六、思考题

1. 影响实验结果的因素有哪些?
2. 测定蛋白质的等电点有何意义?

# 实验 4　蛋白质浓度测定——考马斯亮蓝结合法

## 一、实验目的

1. 掌握考马斯亮蓝法测定样品蛋白含量的原理和操作步骤。
2. 进一步熟练分光光度计的原理和操作方法。
3. 掌握标准曲线的制作和使用。

## 二、实验原理

考马斯亮蓝 G-250 染料，在酸性溶液中与蛋白质结合，使染料的最大吸收峰的位置，由 465 nm 变为 595 nm，溶液的颜色也由棕红色变为蓝色。通过测定 595 nm 处光吸收的增加量可知与其结合蛋白质的量。在一定范围内，考马斯亮蓝 G-250-蛋白质复合物呈色后，在 595 nm 下吸光度与蛋白质含量呈线性关系，故可用于蛋白质浓度的测定。

## 三、实验器材和试剂

1. 器材

容量瓶、旋涡混合器、量筒、试管、移液器、电子分析天平、紫外可见分光光度计等。

2. 试剂

(1)0.9%NaCl 溶液。

(2)0.1 mg/mL 标准蛋白液：牛血清白蛋白，准确称取牛血清白蛋白 0.2 g，用 0.9% NaCl 溶液溶解并稀释至 2 000 mL。

(3)考马斯亮蓝 G-250(0.01%)染液：称取 0.1 g 考马斯亮蓝 G-250 溶于 50 mL 95%乙醇中，再加入 100 mL 浓磷酸，最后加蒸馏水定容至 1 000 mL。

(4)样品液：取牛血清白蛋白(0.1 mg/mL)溶液，用 0.9% NaCl 溶液稀释至一定浓度。

## 四、实验步骤

1. 标准曲线的绘制与样品的测定

取 7 支干净试管编号，按表 3-3 加入试剂。

表 3-3　考马斯亮蓝法测定蛋白质浓度标准曲线的绘制

| 试剂 | 1 | 2 | 3 | 4 | 5 | 6 | 7 |
|---|---|---|---|---|---|---|---|
| 标准蛋白液(mL) | — | 0.1 | 0.2 | 0.3 | 0.4 | 0.6 | 0.8 |
| 0.9% NaCl(mL) | 1.0 | 0.9 | 0.8 | 0.7 | 0.6 | 0.4 | 0.2 |
| 考马斯亮蓝(mL) | 4.0 | 4.0 | 4.0 | 4.0 | 4.0 | 4.0 | 4.0 |
| 蛋白质浓度(μg/mL) | 0 | 10 | 20 | 30 | 40 | 60 | 80 |

混匀，室温静置 3 min，以第 1 管为空白，于波长 595 nm 处比色，读取吸光度，以吸光度为纵坐标，各标准液浓度(μg/mL)作为横坐标作图得标准曲线。

2. 样品液的测定

另取一支干净试管，加入样品液 1.0 mL 及考马斯亮蓝染液 4.0 mL，混匀，室温静置 3 min，于波长 595 nm 处比色，读取吸光度，由样品液的吸光度查标准曲线即可得出含量。

## 五、注意事项

1. 样品蛋白质含量应在 10～100 μg 为宜。一些阳离子如 $K^+$、$Na^+$、$Mg^{2+}$、乙醇等物质对测定无影响，而大量的去污剂如十二烷基硫酸钠(SDS)等会严重干扰测定。

2. 应尽快完成比色测定(最好 30 min 内)，时间放置过长，考马氏亮蓝 G-250-蛋白质复合物易凝集沉淀。

## 六、思考题

1. 考马斯亮蓝测定蛋白质含量中应如何克服不利因素对测定的干扰？

2. 利用蛋白质的呈色反应来测定蛋白质含量的方法有哪些？试比较各自的优缺点。

# 实验 5　紫外吸收法测定蛋白质浓度

## 一、实验目的

1. 掌握紫外吸收法测定蛋白质浓度的原理和方法。

2. 熟练掌握紫外分光光度计使用方法。

## 二、实验原理

蛋白质中含有共轭双键的酪氨酸和色氨酸等芳香族氨基酸，在紫外光 280 nm 波长处有最大吸收峰。在一定浓度范围内，蛋白质溶液的吸光度与其浓度成正比，因此利用这一性质可进行蛋白质定量测定。

该法迅速、简便、不消耗样品、低浓度盐类不干扰测定，可测定 0.1～1.0 mg/mL 的蛋白质溶液。

由于蛋白质的紫外吸收高峰常因 pH 变化而改变，故应用此法时要注意溶液的 pH。最好样品的 pH 与标准曲线制定时的 pH 一致。

由于核酸中的嘌呤、嘧啶也含有共轭双键，对紫外线也有强烈的吸收作用，对蛋白质的测定有较大干扰，但核酸对紫外线吸收峰值在 260 nm 处，因此蛋白质溶液中含有核酸时，必须同时测定 280 nm 和 260 nm 的吸光度，通过计算求出蛋白质的浓度。

本法对于测定与标准蛋白质中酪氨酸和色氨酸含量差异较大的蛋白质误差较大，故适用于测定与标准蛋白质酪氨酸、色氨酸这类氨基酸含量相仿的样品。

蛋白质溶液浓度为 1%，光径为 1 cm 时的光吸收值（$A_{1\,\mathrm{cm}}^{1\%}$）有文献数据可查，根据此光吸收值可以较准确地计算蛋白质浓度。

例：牛血清白蛋白：$A_{1\,\mathrm{cm}}^{1\%}=6.3$(280 nm)

溶菌酶：$A_{1\,\mathrm{cm}}^{1\%}=22.8$(280 nm)

若查不到待测蛋白质的 $A_{1\,\mathrm{cm}}^{1\%}$ 值，则可选用一种与待测蛋白质的酪氨酸和色氨酸相近的蛋白质作为标准蛋白质，用标准曲线法进行测定。标准蛋白质溶液配制的浓度 1.0 mg/mL。常用的标准蛋白质为牛血清白蛋白（BSA）。

## 三、实验器材与试剂

1. 器材

紫外可见光分光光度计、旋涡混合器、移液器、试管等。

2. 试剂

（1）标准蛋白质溶液（1 mg/mL）：精确称取结晶牛血清白蛋白或 γ-球蛋白 100 mg，溶于 100 mL 0.9 % NaCl 溶液中。

（2）0.9%的生理盐水。

（3）血清稀释液：用生理盐水将血清稀释 10～20 倍，备用。

## 四、实验步骤

1. 标准曲线法测定

(1)取 6 支试管编号,按表 3-4 加入试剂。

表 3-4 紫外吸收法测定蛋白质浓度-标准曲线绘制

| | 1 | 2 | 3 | 4 | 5 | 6 |
|---|---|---|---|---|---|---|
| BSA(mg/mL) | 0 | 1.0 | 2.0 | 3.0 | 4.0 | 5.0 |
| $H_2O$(mL) | 5.0 | 4.0 | 3.0 | 2.0 | 1.0 | 0 |
| $A_{280}$ | | | | | | |

各管溶液混匀,用第 1 管做空白对照,紫外分光光度计测定吸光度 $A_{280}$,以 $A_{280}$ 为纵坐标,各管的蛋白质浓度或蛋白质量(mg)为横坐标作图,标准曲线应为直线。

(2)取 3 支干净试管,各管分别加血清稀释液 1 mL 和蒸馏水 4 mL,混匀后立即测各管 $A_{280}$ 吸光度,以上表 1 号管调零。

计算 3 个样品吸光度的平均值,利用标准曲线,查出未知样品的蛋白质含量。也可以用 2 至 6 管 $A_{280}$ 值与相应的试管中的蛋白质浓度计算出该蛋白质的 280 nm 的 $A_{1\,cm}^{1\%}$ 值。

2. 280 nm 和 260 nm 的吸收差法

核酸也有共轭双键,对紫外光也有很强的吸收,但它在 260 nm 处对紫外光吸收更强。而蛋白质在 280 nm 的紫外吸收值大于 260 nm 紫外吸收值。运用 $A_{280}/A_{260}$ 吸收差法则可以适当校正核酸对蛋白质浓度测定的干扰作用。通常纯蛋白质的光吸收比值:$A_{280}/A_{260} \approx 1.8$,纯核酸的光吸收比值:$A_{280}/A_{260} \approx 0.5$。

含有核酸的蛋白质溶液,分别测定其 $A_{280}$ 和 $A_{260}$,用下面的经验公式计算蛋白质浓度:

$$\text{蛋白质浓度} = 1.45 \times A_{280} - 0.74 \times A_{260}\ (\text{mg/mL})$$

此经验公式是通过一系列已知不同浓度比例的蛋白质(酵母烯醇化酶)和核酸(酵母核酸)的混合液所测定的数据来建立的。

3. 215 nm 与 225 nm 的吸收差法

蛋白质的稀溶液由于含量低而不能使用 280 nm 的光吸收测定时,可用 215 nm 与 225 nm 吸收值之差,通过标准曲线法来测定蛋白质稀溶液的浓度。

用已知浓度的标准蛋白质,配制成 20～100 mg/mL 的一系列 5.0 mL 的蛋白质溶液,分别测定 215 nm 和 225 nm 的吸光度值,并计算出吸收差:

$$\Delta A = A_{215} - A_{225}$$

以吸收差 $\Delta A$ 为纵坐标,蛋白质浓度为横坐标,绘出标准曲线。再测出未知样品的吸收差,即可由标准曲线上查出未知样品的蛋白质浓度。

本方法在蛋白质浓度 20～100 mg/mL 范围内,蛋白质浓度与吸光度成正比,NaCl、$(NH_4)_2SO_4$ 以及 0.1 mol/L 磷酸、硼酸和 Tris 等缓冲液,都无显著干扰作用,但是 0.1 mol/L NaOH、0.1 mol/L 乙酸、琥珀酸、邻苯二甲酸、巴比妥等缓冲液的 215 nm 光吸收值较大,必须将其浓度降到 0.005 mol/L 以下才无显著影响。

4. 肽键测定法

蛋白质溶液在 238 nm 处的光吸收的强弱与肽键的多少成正比。因此可以用标准蛋白质溶液配制一系列 50～500 mg/mL 已知浓度的 5.0 mL 蛋白质溶液，测定 238 nm 的光吸收值，以 $A_{238}$ 为纵坐标，蛋白质含量为横坐标，绘制出标准曲线，未知样品的浓度即可由标准曲线求得。

蛋白质溶液采用柱层析分离时，洗脱液也可以用 238 nm 检测蛋白质的峰位。本方法比 280 nm 吸收法灵敏。但多种有机物，如醇、酮醛、醚、有机酸、酰胺类和过氧化物等都有干扰作用。所以最好用无机盐、无机碱和水溶液进行测定。若含有有机溶剂，可先将样品蒸干，或用其他方法除去干扰物质，然后用水、稀酸和稀碱溶解后再作测定。

## 五、思考题

1. 简述紫外吸收法测定牛血清白蛋白含量的原理与方法。
2. 紫外吸收法测定牛血清蛋白质含量的临床意义是什么？

# 实验 6　氨基酸的分离鉴定——纸层析法

## 一、实验目的

了解并掌握氨基酸纸层析的原理和方法。

## 二、实验原理

用滤纸为支持物进行层析的方法，称为纸层析法。纸层析所用展层溶剂大多由水和有机溶剂组成，滤纸纤维与水的亲和力强，与有机溶剂的亲和力弱，因此在展层时，水是固相，有机溶剂是流动相。溶剂由下向上移动的，称上行法；由上向下移动的，称下行法。样品点在滤纸上（此点称为原点），进行展层，由于它们的分配系数不同，样品中的各种氨基酸在两相溶剂中不断进行分配，不同氨基酸随流动相移动的速率就不同，于是就将这些氨基酸分离开来，形成距原点距离不等的层析点。

溶质在滤纸上的移动速率用 $R_f$ 值表示：

$$R_f=\frac{\text{原点到层析点中心的位置}}{\text{原点到溶剂前沿的距离}}=\frac{X}{Y}$$

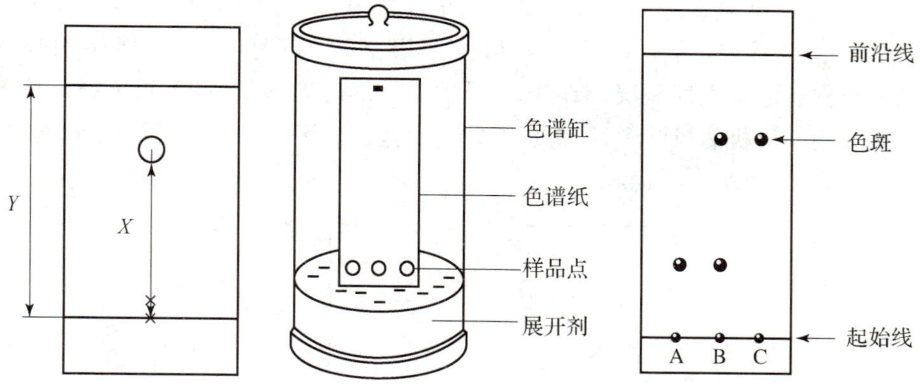


图 3-1　纸层析示意图

如温度、展层溶剂的组成等条件不变，$R_f$ 值是常数，故可根据 $R_f$ 值作定性依据。

样品中如有多种氨基酸，其中某些氨基酸的 $R_f$ 值相同或相近，此时如只用一种溶剂展层，不能将它们分开。为此，当用一种溶剂展层后，将滤纸转动 90°，再用另一种溶剂展层，从而达到分离的目的，这种方法称为双向纸层析法。氨基酸无色，利用茚三酮反应，可将氨基酸层析点显色作定性、定量鉴定。

## 三、实验器材和试剂

1. 器材

微量注射器或毛细管、层析缸、滤纸、电吹风、烧杯 、紫外可见分光光度计、剪刀等。

2. 试剂

(1)氨基酸溶液:将甘氨酸、蛋氨酸、亮氨酸、混合氨基酸各配制成 6 mg/mL 的溶液。

(2)溶剂系统:酸相溶剂:$V$[正丁醇(AR)]∶$V$(88%甲酸)∶$V$(水)=15∶3∶2。

(3)显色贮备液:$V$(0.4 mol/L(茚三酮-异丙醇)∶$V$(甲酸)∶$V$(水)=20∶1∶5。

(4)$V$(0.1%硫酸铜)∶$V$(75%乙醇)=2∶38 溶液。临用前按比例混合。

## 四、实验步骤

二维码 3-1 氨基酸的分离鉴定—纸层析法

1. 滤纸准备

取层析滤纸(长 18 cm、宽 15 cm)一张。在纸的一端距边缘 2 cm 处用铅笔画一条直线,在此直线上每间隔 2~3 cm 画一小点作点样的原点。在每个圈下用铅笔依次标记所点氨基酸的名称。

2. 点样

氨基酸点样量以每种氨基酸 5~20 μg 为宜,用微量注射器或微量吸管,吸取氨基酸样品 10 μL 轻轻地点到相应的氨基酸原点上,吹干。每种氨基酸重复点样 2~3 次,每点一次先吹干再点下一次,将点过样的滤纸用针线卷成筒状(点样面向内),注意纸的两边不能接触,留一定缝隙。

3. 展层与显色

将制成圆筒装的滤纸,原点在下端,浸立在培养皿内,扩展剂的液面需低于点样线 1 cm。展层剂为酸性溶剂系统,将显色储备液加入展层剂混匀(每 10 mL 展层剂加入 0.1~0.5 mL 的显色储备液),立即展层,待溶剂上升约 15 cm 时即取出滤纸,铅笔描出溶剂前沿界线,自然干燥或用吹风机热风吹干,层析斑点即显示蓝色。用铅笔划下层析斑点,可进行定性、定量测定。

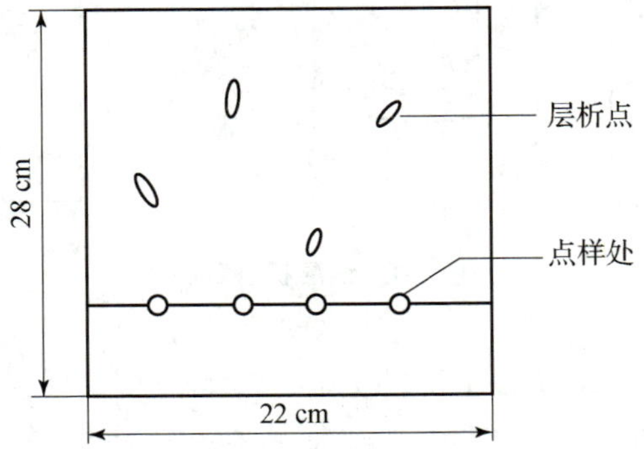


图 3-2 层析示意图

4. 计算 $R_f$ 值

## 五、注意事项

1. 点样操作时应戴手套,防止样品及滤纸受污染。
2. 严格控制点样位置以及点样直径,防止层析后氨基酸斑点过度扩散。
3. 酸相溶剂需临用时配制,以免发生酯化而影响层析结果。

## 六、思考题

1. 氨基酸纸层析实验中固定相和流动相分别是什么？
2. 影响纸层析移动速率 $R_f$ 的因素有哪些？

# 实验 7　氨基酸的分离鉴定——薄层层析法

## 一、实验目的

1. 掌握薄层层析的原理，学习氨基酸薄层层析法的操作技术。
2. 学习未知样品的氨基酸成分层析鉴定分析的方法。

## 二、实验原理

依据薄层层析原理，用硅胶作为固相支持物，用羟甲基纤维素钠作为黏合剂，以正丁醇、冰醋酸及水的混合液为展层剂，当液相(展层剂)在固定相上流动时，由于吸附剂对不同氨基酸的吸附力不一样，不同氨基酸在展开溶剂中的溶解度不一样，点在薄板上的混合氨基酸样品随着展开剂的移动速率也不同，通过吸附—解吸附—再吸附—再解吸的反复进行，而将样品各组分分离开。测定混合氨基酸中各分离斑点的 $R_f$ 值，以分离和鉴别混合氨基酸的成分。氨基酸的显色反应：茚三酮水化后生成水化茚三酮，它与氨基酸发生羧基反应生成还原茚三酮、氨基醛，与此同时，还原茚三酮又与氨基茚三酮缩合生成蓝色化合物而使氨基酸斑点显色。

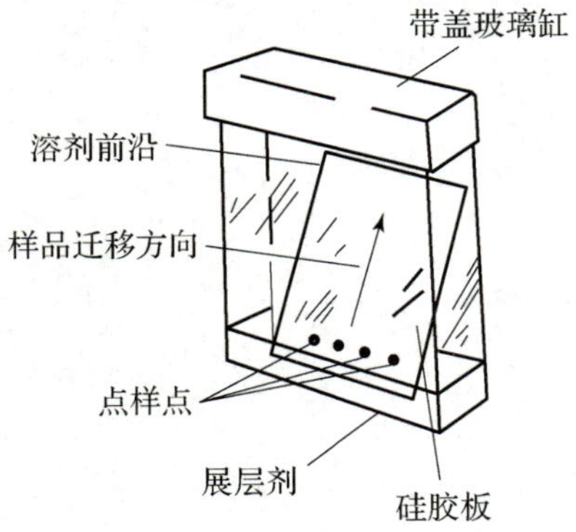


图 3-3　层析装置

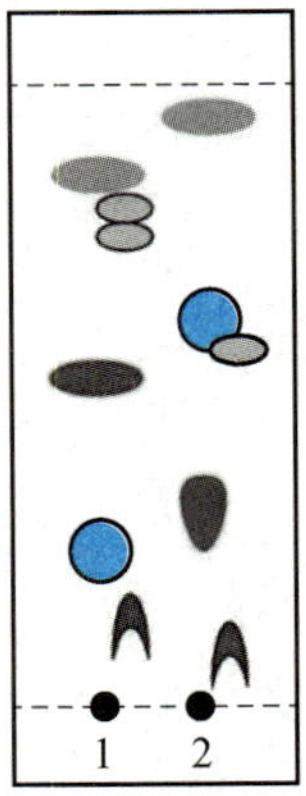


图 3-4　氨基酸分离示意图

## 三、实验试剂和器材

1. 器材

层析板、小烧杯、量筒、小尺子、电吹风、毛细玻璃管、层析缸、烘箱等。

2. 试剂

(1)0.01 mol/L 丙氨酸标准溶液：称取丙氨酸 8.9 mg 溶于 90%异丙醇溶液至 10 mL。

(2)0.01 mol/L 精氨酸：称取精氨酸 17.4 mg 溶于 90%异丙醇溶液至 10 mL。

(3)0.01 mol/L 甘氨酸：称取甘氨酸 7.5 mg 溶于 90%异丙醇溶液至 10 mL。

(4)混合氨基酸溶液：将上述丙氨酸、精氨酸、甘氨酸溶液按等体积制成混合溶液。

(5)0.5%羧甲基纤维素钠(CMC-Na)：称取羧甲基纤维素钠 5 g 溶于 1 000 mL 蒸馏水中，煮沸，静置冷却，弃沉淀，取上清液备用。

(6)展层剂：按 80∶10∶10 比例($V/V$)混合正丁醇、冰醋酸及蒸馏水，临用前配制。

(7)0.1%茚三酮溶液：称取茚三酮(AR)0.1 g 溶于无水丙酮(AR)至 100 mL。

(8)展层-显色剂：按照 10∶1 比例($V/V$)混匀展开剂和 0.1%茚三酮溶液。

(9)硅胶 G。

## 四、实验步骤

1. 制板

(1)调浆：称取硅胶 G 3 g，加 0.5 %的羧甲基纤维素钠 8 mL，调成均匀的糊状。

(2)涂布：取洁净的干燥玻璃板，将硅胶浆均匀涂成薄层。黏在玻璃板侧面边上的硅胶粉应去掉，否则在层析时会有较强的边缘效应。

(3)干燥：将玻璃板水平放置，室温下放置 0.5 h，自然晾干。

(4)活化：70 ℃烘干 60 min。注意应逐步加温，温度过高易导致涂层裂开。

2. 点样

(1)标记：用铅笔在距底边 2 cm 水平线上均匀确定 4 个点并做好标记。每个样品间相距 1 cm。

(2)点样：用毛细管分别吸取丙氨酸、精氨酸、甘氨酸及混合氨基酸溶液，轻轻接触薄层表面点样。加样原点扩散直径不超过 2 mm。点样后用电吹风轻轻吹干。

**注意**：用冷风吹干，避免破坏氨基酸。

3. 层析

将薄层板点样端浸入展层-显色剂，展层-显色剂液面应低于点样线，样品不能进入溶液。盖好层析缸盖，上行展层，当展层剂前沿离薄板顶端 2 cm 时，停止展层，取出薄板，用铅笔描出溶剂前沿界线。

4. 显色

用热风吹干或在 90 ℃下烘干 30 min，即可显出各层斑点。

## 五、结果与分析

实验结果示意见图 3-5，量取并记录各氨基酸色斑中心至样品原点中心距离($a$)及溶剂前缘至样品原点中心距离($b$)，计算 $R$ 值，记录到表 3-5 中。然后根据 $R$ 值判定混合样品分离的色斑的氨基酸名称。

$$R=\frac{\text{原点到层析斑点中心的距离}(a)}{\text{原点到溶剂前沿的距离}(b)}$$

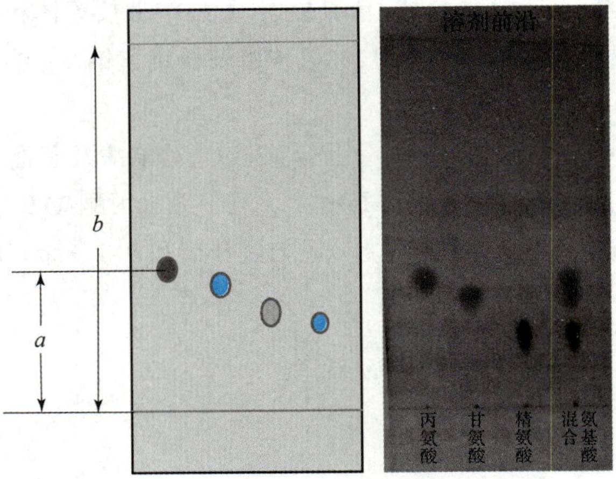


图 3-5 薄层层析实验结果示意图

表 3-5 氨基酸薄层层析结果记录表

| 氨基酸斑点 | (a) | (b) | R 值(a/b) | 氨基酸名称 |
|---|---|---|---|---|
| 丙氨酸 | | | | |
| 甘氨酸 | | | | |
| 精氨酸 | | | | |
| 混合氨基酸 | | | | |

## 六、注意事项

1. 吸附剂

薄层层析用的吸附剂如氧化铝和硅胶的颗粒大小一般以能通过 200 目左右筛孔为宜，如果颗粒太大，展开时溶剂推进速度太快，分离效果不好。反之，颗粒太小，展开时太慢，斑点易拖尾，分离效果也不好。

2. 点样

点样的次数依照样品溶液的浓度而定，样品量太少时，有的成分不易显示，样品量太多时易造成斑点过大，互相交叉或拖尾，不能得到很好的分离，点样后的斑点直径一般为 0.2 cm。

3. 避免污染

整个层析过程中，避免用手接触层析板，必要时戴上手套。

## 七、思考题

1. 何谓吸附层析？叙述薄层层析的原理。
2. 简述氨基酸薄层层析操作中应注意的问题。

# 实验 8　凝胶层析法分离血红蛋白

## 一、实验目的

1. 学习掌握凝胶层析技术。
2. 掌握凝胶层析分离蛋白质的原理。

## 二、实验原理

凝胶层析法，又称凝胶过滤法、分子筛层析法、排阻层析法，是利用凝胶的分子筛作用，把分子大小不同的物质分离开的一种方法。凝胶颗粒是具有一定孔径的多孔网状结构的物质，这种网状结构就像筛子一样，可以把大分子物质与小分子物质分开。当分子大小不同的混合物通过凝胶柱时，小分子物质通过扩散作用进入凝胶颗粒内部，在颗粒内受到阻滞，行走得慢且路程长，因而在凝胶内行走的时间长而较晚流出柱外；而大分子物质却不能渗入胶颗粒内部，在颗粒间迅速通过而较早被洗脱下来，这样就达到了分离的目的。

血红蛋白是高等生物体内负责运载氧的一种蛋白质，相对分子质量约 64 500。利用凝胶层析法分离血红蛋白与硫酸铜的混合物时，两者相比，硫酸铜分子质量小，能渗入凝胶颗粒内部而被滞留，流出速度较慢；血红蛋白分子质量大，被排挤在颗粒外，在颗粒之间快速移动，很快地流出层析柱。由于血红蛋白呈红色，而硫酸铜呈蓝色，所以对它们的混合物进行洗脱时，可以观察到红色带在前面迅速地移动，而蓝色带则在后面缓慢地移动，两条带差距逐渐增大，能比较直观地看到分离效果。

凝胶层析法具有设备简单、操作方便、技术易掌握、样品用量少、条件温和、分离效果好、重复性好等优点，被广泛应用于脱盐、生物化学物质的分离提纯、分子质量的测定以及浓缩高分子物质的溶液中。

## 三、实验器材和试剂

1. 器材

层析柱、恒流泵、部分收集器、分光光度计、铁架台、离心机、药物天平、试管、止水夹、胶管、离心管、烧杯、量筒、滤纸等。

2. 试剂

(1)葡聚糖凝胶：采用 SephadexG-50。

(2)洗脱液：采用蒸馏水。

(3)血红蛋白溶液：取抗凝血 5 mL，以 4 000 r/m 离心 10 min，弃去血浆，加血细胞体积 3 倍的 0.9% NaCl 溶液清洗血细胞，翻转混匀，离心后弃上清液。重复上述操作一次。向清洗干净的红细胞中加入 5 倍体积的蒸馏水，充分混匀，以破碎血细胞，然后用棉花过滤，滤液即为血红蛋白溶液。

(4)碱性硫酸铜溶液

①A 液：称取 3.73 g 硫酸铜($CuSO_4 \cdot 5H_2O$)，溶于 10 mL 热蒸馏水中，冷却后稀释至 15 mL。

②B液：称取17.3 g柠檬酸钠和10 g碳酸钠($Na_2CO_3 \cdot H_2O$)，加入60 mL蒸馏水，加热使之溶解，冷却后稀释至85 mL。

将A液缓缓地倒入B液中，混匀。如有沉淀，应过滤后再用。

(5)血红蛋白-碱性硫酸铜混合物。将试剂血红蛋白溶液与试剂碱性硫酸铜溶液按1∶1的体积比混匀即可，临用前配。

## 四、实验步骤

1. 凝胶的预处理

将SephadexG-50干粉加入约20倍体积的蒸馏水中溶胀6 h，或沸水浴2 h，这样能缩短溶胀时间，而且还可杀死细菌和霉菌，排除凝胶内部包藏的气泡。溶胀完全后，用倾泻法将不易沉下的细小颗粒除去，反复操作几次。

2. 装柱

将层析柱垂直固定，用止水夹夹住下端的胶管，加入1～2 cm高的洗脱液。倒掉凝胶上面多余的蒸馏水，将浓浆状的凝胶自柱顶部沿着管内壁缓缓加入柱中。最好一次连续装完所需的凝胶。

**注意：**层析柱要求无气泡无裂纹，否则需重新装填。

3. 平衡

柱装好后，接上恒流泵，打开止水夹，使用2～3倍于柱床体积的蒸馏水洗脱20 min，调整流速为0.5 mL/min。平衡凝胶柱床。

4. 加样与洗脱

将凝胶柱中多余的液体放出，使液面刚好淹没凝胶，关闭止水夹。将1 mL血红蛋白-碱性硫酸铜混合物小心地加到凝胶柱床上。打开止水夹，待样品溶液进入柱内，液面降至与凝胶面相平时关闭止水夹。用滴管加入少量蒸馏水，打开止水夹，使剩余样品进入柱内，然后加蒸馏水至液层高度为4 cm左右，接上恒流泵并调节流速为0.5 m/min，即可开始洗脱。

5. 收集与测定

用试管收集洗脱液每管收集4 mL，收集至所有色带流出层析柱，然后用分光光度计在415 nm波长处测定吸光值，以蒸馏水为空白管进行调零。

6. 凝胶柱的处理

待色带完全流出后，继续用蒸馏水清洗凝胶柱20 min。

## 五、结果

以收集管数为横坐标，以415 nm波长处的吸光值为纵坐标，绘制洗脱曲线。观察描述实验现象并解释原因，讨论凝胶过滤的效果。

## 六、注意事项

1. 溶胀葡聚糖凝胶时不要过分搅拌，以免造成颗粒破碎。
2. 装柱前最好将处理好的凝胶在真空干燥器中抽真空，以尽可能除去凝胶中的空气。
3. 新装好的层析柱要求连续、均匀、无气泡、无纹路，否则必须重新装柱。

4. 任何时候凝胶必须处于溶液中，否则水分挥发，凝胶变干，可能会出现气泡和断层，影响分离效果。

5. 加样时，要小心操作，切勿冲坏凝胶柱床。

6. 一般凝胶柱用过后，用 2～3 倍柱床体积的蒸馏水清洗即可。如果凝胶比较脏或有颜色，需用 0.5 mol/L NaOH 溶液和 0.5 mol/L NaCl 溶液洗涤，再用蒸馏水清洗。

7. 凝胶柱装好后，可反复使用，无须再生处理，但使用时间长了，凝胶颗粒可能逐渐沉积压紧，流速逐渐减慢，导致层析时间过长，这时需要重新装填凝胶柱或用反冲方法，使凝胶松动冲起，再沉降。

8. 凝胶柱如长期不用，应注意防霉防腐，可加入 0.02%叠氮钠（$NaN_3$）溶液防止发霉或生长细菌。

## 七、思考题

1. 分子大小不同的物质经过凝胶层析被洗脱出来的顺序与普通的过滤有什么不同？为什么？

2. 凝胶层析法的有哪些优缺点？它在生物化学实验研究中有什么用途？

# 实验 9 聚丙烯酰胺凝胶电泳分离血清蛋白质

## 一、实验目的

1. 强化学生对电泳基本原理的理解与记忆。
2. 学习掌握聚丙烯酰胺凝胶电泳分离蛋白质的基本原理和操作方法。

## 二、实验原理

在生物化学、分子生物学和基因遗传工程实验中，常常要进行蛋白质和核酸的分离工作。聚丙烯酰胺凝胶电泳(polyacrylamide gel electrophoresis，PAGE)是以聚丙烯酰胺凝胶作为支持介质进行蛋白质或核酸分离的一种电泳方法。聚丙烯酰胺凝胶是由丙烯酰胺单体(acrylamide，Acr)和交联剂 N，N′-甲叉双丙烯酰胺(N，N-methylene bisacrylamide，Bis)在催化剂的作用下聚合交联而成的三维网状结构的凝胶。通过改变单体浓度与交联剂的比例，可以得到不同孔径的凝胶，用于分离分子量大小不同的物质。

聚丙烯酰胺凝胶聚合的催化体系有两种：

(1)化学聚合。催化剂采用过硫酸铵，加速剂为 N，N，N，N-四甲基乙二胺(简称 TEMED)。通常控制这两种溶液的用量，使聚合在 1 h 内完成。

(2)光聚合。通常用核黄素为催化剂，通过控制光照时间、强度控制聚合时间，也可加入 TEMED 加速反应。

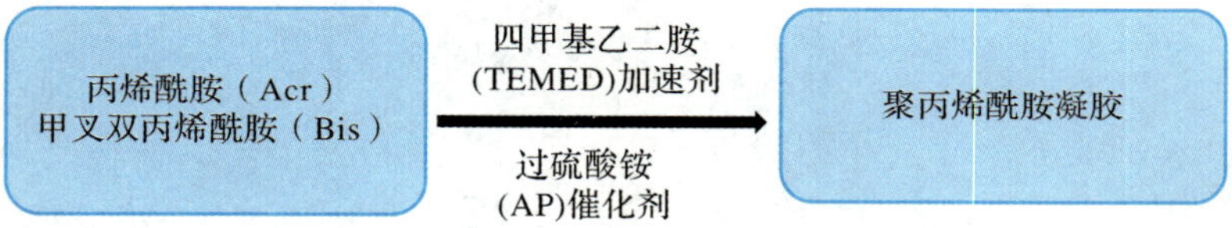


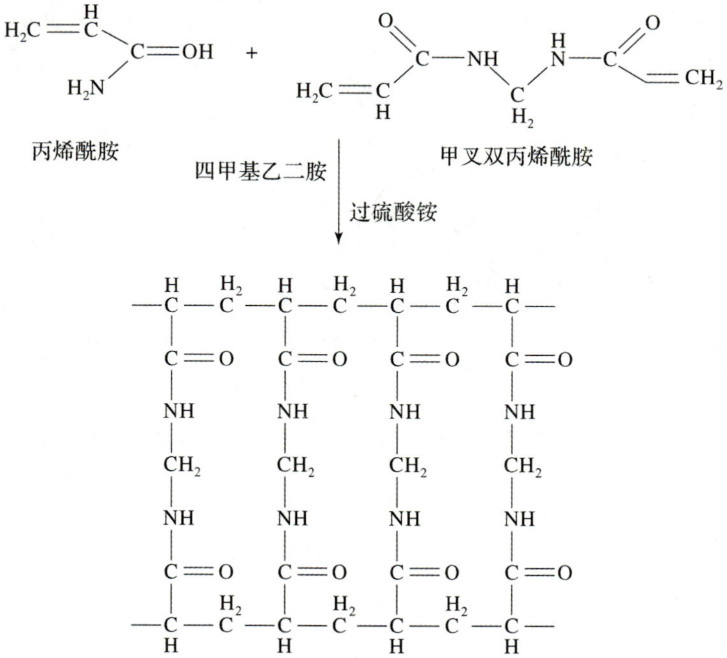

凝胶浓度的选择

$$T=(a+b)/m\times100\% \quad C=b/(a+b)\times100\%$$

式中：$a$：Acr 量；$b$：Bis 的量；$m$：溶液的总体积；$T$：Acr 和 Bis 的总浓度（胶浓度）；$C$：交联剂所占百分比。

一般按 $a:b=29:1$（或者 29.2∶0.8）配制储液

改变 $T$ 值，就改变了胶孔孔径，分离大小不同的蛋白质分子。

| 蛋白质的相对分子质量/kDa | 适用的凝胶浓度/% |
|---|---|
| ＜10 | 20～30 |
| 10～40 | 15～20 |
| 40～100 | 10～15 |
| 100～500 | 5～10 |
| ＞500 | 2～5 |

聚丙烯酰胺凝胶电泳常分为两大类：

第一类为连续的凝胶（仅有分离胶）电泳。

第二类为不连续的凝胶（浓缩胶和分离胶）电泳。一般地，不连续聚丙烯酰胺凝胶电泳有三种效应：

①电荷效应：电泳物所带电荷的差异性。

②凝胶的分子筛效应：凝胶的网状结构及电泳物的大小形状不同所致。

③浓缩效应：浓缩胶与分离胶中聚丙烯酰胺的浓度及 pH 的不同，即不连续性所致。因此，样品分离效果好，分辨率高。

蛋白质是两性电解质，可带正电荷也可带负电荷。带电荷的蛋白质分子在电场中向相反的电极移动，称为电泳。血清中各种蛋白质在 pH 8.6 的缓冲液中都带负电荷，在电场中向正极移动。移动的速度主要决定于带电荷的多少和分子的大小。电荷多、分子小，移动就快，反之就慢。因此，利用电泳时各种蛋白质分子移动的速度不同，可将血清蛋白质分成白蛋白、α1 球蛋白、α2 球蛋白、β 球蛋白、λ 球蛋白等几条区带。

## 三、实验器材和试剂

1. 器材

垂直板型电泳槽、电泳仪、移液器、水浴锅、染色槽、烧杯等。

2. 试剂

(1)标准蛋白质液 Marker（市售）。

(2)分离胶缓冲液（Tris-HCl 缓冲液 pH 8.9）：取 1 mol/L 盐酸 48 mL，Tris 36.3 g，用无离子水溶解后定容至 100 mL。

(3)浓缩胶缓冲液（Tris-HCl 缓冲液 pH 6.7）：取 1 mol/L 盐酸 48 mL，Tris 5.98 g，用无离子水溶解后定容至 100 mL。

(4)30%分离胶贮液：配制方法与连续体系相同，称丙烯酰胺（Acr）30 g 及 N，N′-甲叉双丙烯酰胺（Bis）0.8 g，溶于重蒸水中，最后定容至 100 mL，置棕色试剂瓶中，保存。

(5)10%浓缩胶贮液：称取 Acr 10 g 及 Bis 0.5 g，溶于重蒸水中，最后定容至 100 mL，置棕色试剂瓶中，贮存。

(6)10%SDS 溶液：SDS 在低温易析出结晶，用前微热，使其完全溶解。

(7)1%TEMED。

(8)10%过硫酸铵(AP)：现用现配。

(9)电泳缓冲液(Tris-甘氨酸缓冲液 pH 8.3)：称取 Tris 6.0 g，甘氨酸 28.8 g，SDS 1.0 g，用无离子水溶解后定容至 1 L。

(10)动物血清样品溶液。

(11)染色液：0.25 g 考马斯亮蓝 G-250，加入 454 mL 50%甲醇溶液和 46 mL 冰乙酸混匀。

(12)脱色液：75 mL 冰乙酸，875 mL 重蒸水与 50 mL 甲醇混匀。

## 四、实验步骤

1. 制胶玻板的清洗

用海绵和洗涤剂轻柔地清洗，严禁使用刷子和颗粒状的去污粉与洗衣粉，完全冲洗干净后烘干。

2. 分离胶的制备

配制 12%分离胶：在烧杯中依次加入重蒸水 3.35 mL，分离胶缓冲液(1.5 mol/L Tris-HCl，pH8.8)2.5 mL，10%SDS 0.1 mL，凝胶储备液 4.0 mL，10%过硫酸铵 50 $\mu$L 和 TEMED 10 $\mu$L。由于 AP 和 TEMED 相遇后凝胶即开始聚合，所以应立即混匀混合液后用移液枪抽取凝胶液加至长、短玻璃板间的窄缝内，留出梳齿的齿高加 2 cm 的空间停止灌胶，小心覆盖一层蒸馏水，静置等待聚合(30～40 min)。待分离胶聚合完全后，除去覆盖的蒸馏水。

3. 浓缩胶的制备

配制 5%浓缩胶。在烧杯中依次加入重蒸水 2.92 mL，浓缩胶缓冲液(0.5 mol/L Tris-HCl，pH 6.8) 1.25 mL，10% SDS 0.05 mL，凝胶储备液 0.8 mL，10%过硫酸铵 25 $\mu$L 和 TEMED 10 $\mu$L。由于 AP 和 TEMED 相遇后凝胶即开始聚合，所以应立即混匀混合液后用移液枪抽取凝胶液加至长、短玻璃板间的窄缝内，灌满后小心插入梳齿，避免混入气泡，静置等待聚合(30～40 min)。

4. 蛋白质样品的处理

血清样品与上样缓冲液混合后在沸水浴中加热 5 min，各取 20 $\mu$L 加入凝胶板的样品槽中。

5. 电泳

将电泳仪的正负极与电泳槽正负极相连接，打开电泳仪开关，开始时设置电压为 80 V，等到样品全部进入分离胶后再调至电压 120 V，观察指示剂溴酚蓝染料到达凝胶底端时，停止电泳，关闭电源。

6. 染色与脱色

电泳结束后，取下胶板，放入染色液染色 30 min，再用脱色液脱色，直至蛋白质区带清晰。脱色后的凝胶在凝胶成像仪上拍照，分析。

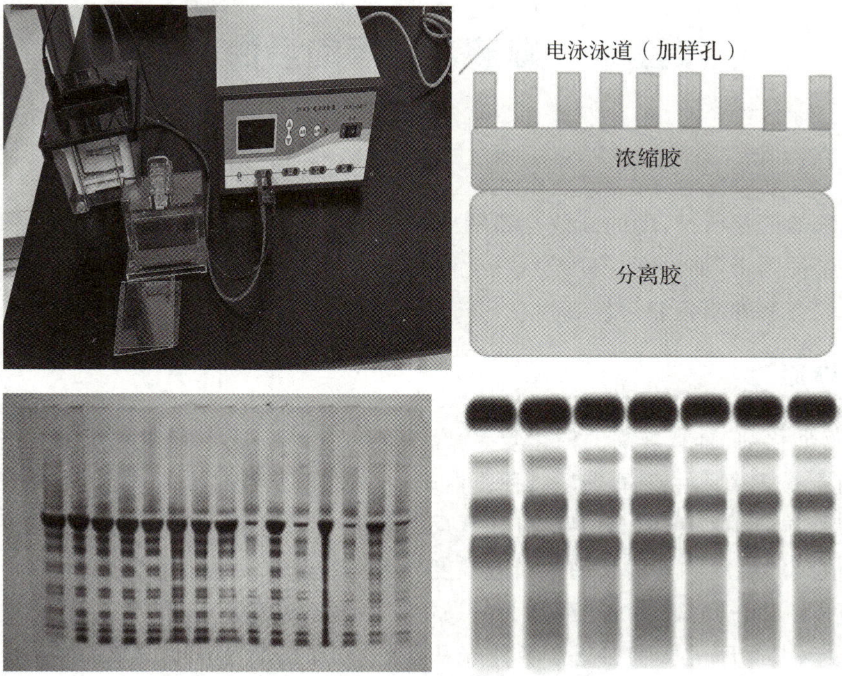


图 3-6　电泳示意图

## 五、思考题

1. 分离胶和浓缩胶为何选用不同浓度？
2. 甘氨酸在缓冲液中作用是什么？

# 实验 10　唾液淀粉酶的活性观察

## 一、实验目的

1. 掌握酶的催化活性，酶的高效性和特异性。
2. 了解各种因素(如温度、pH 及一些化学物质)对酶活性的影响。
3. 唾液淀粉酶的制备和活性观察。

## 二、实验原理

酶是生物催化剂，具有极高的催化效率，在一定的温度范围内，随着温度的升高，酶促反应速度增加，直至最大值。由于酶也是一种蛋白质，温度过高会导致酶的失活，因此，反应速度到达最高值以后，温度继续升高，酶促反应速度反而急剧下降，直至完全停止酶促反应。反应速度达到最大值时的温度称为酶作用的最适温度。大多数动物酶的最适温度为 37～40 ℃，植物酶的最适温度为 50～60 ℃。测定酶活力时通常在酶最适温度下进行。

酶活性受环境 pH 的影响。通常各种酶只有在一定的 pH 范围才表现出活力。酶活性达到最高时的 pH，称为最适 pH。低于或者高于最适 pH 时，酶的活性均降低或者失去活性。唾液淀粉酶的最适 pH 为 6.8，胃蛋白酶的最适 pH 为 1.5～2.5，胰蛋白酶最适 pH 为 8 等。

酶活性受环境中某些物质的影响，有些物质能使酶的活性增加，称为激活剂；有些物质能使酶的活性降低，称为抑制剂。值得注意的是，激活剂和抑制剂不是绝对的，有些物质在低浓度时为酶的激活剂，而在高浓度时则为该酶的抑制剂。例如，0.9%的氯化钠是唾液淀粉酶的激活剂，但氯化钠达到 1/3 饱和度时就可抑制唾液淀粉酶的活力。

本实验以唾液淀粉酶为材料来观察环境因素对酶活性的影响情况。唾液中含有 α-淀粉酶，该酶属于内切酶。淀粉在该酶的催化作用下或随着时间的延长而出现不同程度的水解产物，从而得到各种糊精乃至麦芽糖、少量葡萄糖等产物。

碘液能指示淀粉的水解程度，淀粉不同程度的水解产物遇到碘可呈蓝色、紫色、暗褐色和红色，而麦芽糖与葡萄糖遇碘液则不呈颜色反应。

$$\text{淀粉}\xrightarrow[\text{(蓝色)}]{\text{淀粉酶}}\text{糊精}\xrightarrow[\text{(紫红色、暗褐色或红色等)}]{\text{淀粉酶}}\underset{\text{(棕黄色、碘本身颜色)}}{\text{麦芽糖}+\text{少量葡萄糖}}$$

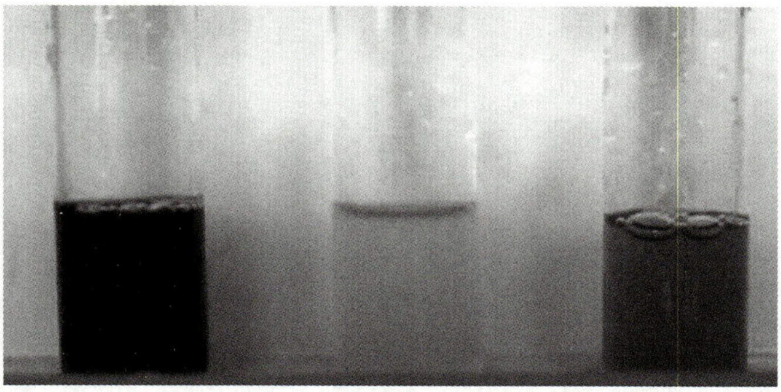

图 3-7　反应结果示意图

## 三、实验器材和试剂

1. 器材

白色瓷板、恒温水浴箱、制冰机、电子天平、棕色试剂瓶、试管、移液器、电磁炉、烧杯等。

2. 试剂

(1)0.5%淀粉溶液:称取 0.5 g 可溶性淀粉,加入少量蒸馏水调成糊状,然后缓慢倒入沸腾的 60 mL 蒸馏水中,搅动煮沸 1 min。冷却至室温后加水至 100 mL,置冰箱中存放。

(2)碘液:称取 2 g 碘化钾溶于 5 mL 蒸馏水中,随后加 1.2 g 碘,待碘溶解后,加蒸馏水至 200 mL,混合均匀后保存于棕色瓶中,用前稀释 5 倍。

(3)不同 pH 溶液:① pH3.8 缓冲液:取 0.2 moL/L 磷酸氢二钠 7.10 ml 与 0.1 moL/L 柠檬酸钠 12.9 ml 混匀。② pH6.8 缓冲液:取 0.2 moL/L 磷酸氢二钠 15.45 ml 与 0.1 moL/L 柠檬酸钠 4.55 ml 混匀。③ pH8.0 缓冲液:取 0.2 moL/L 磷酸氢二钠 19.4。

(4)1%($m/V$)$CuSO_4$ 溶液:称取无水硫酸铜 1 g(或者称取五水硫酸铜约 1.562 5 g),溶解后用蒸馏水稀释至 100 mL。

(5)1%($m/V$)NaCl 溶液:称取氯化钠 1 g,溶解后用蒸馏水稀释至 100 mL。

## 四、实验步骤

1. 唾液淀粉酶的制备

每人取一个干净的饮水杯,装上蒸馏水,先用蒸馏水漱口,将口腔的食物残渣清除干净,口含约 20 mL 蒸馏水,做咀嚼动作 1~2 min,以分泌较多的唾液,然后将口腔中的唾液转入一个干净的小烧杯中。此即为稀释的唾液淀粉酶液。

2. pH 对酶活力的影响

取 3 支试管编号,按表 3-6 操作。

表 3-6 pH 对酶活力的影响 mL

| 试剂 | 1 | 2 | 3 |
|---|---|---|---|
| pH 3.8 缓冲溶液 | 3 | — | — |
| pH 6.8 缓冲溶液 | — | 3 | — |
| pH 8.0 缓冲溶液 | — | — | 3 |
| 0.5%淀粉溶液 | 1 | 1 | 1 |
| 唾液淀粉酶 | 1 | 1 | 1 |
| 将上述各管溶液混匀后在 37 ℃水浴中保温 10 min | | | |

向各管中加碘液 1~2 滴,摇匀观察,记录并解释各管的现象。

3. 温度对酶活性的影响

取 3 支试管编号,按表 3-7 操作。

4. 酶的激活剂和抑制剂对酶活性影响

取 3 支试管编号,按表 3-8 操作。

表 3-7　温度对酶活力的影响　　mL

| 试剂 | 1 | 2 | 3 |
| --- | --- | --- | --- |
| 唾液淀粉酶液(mL) | 1 | 1 | 1 |
| 0.5%淀粉溶液(mL) | 1 | 1 | 1 |
| 反应温度 | 置冰水浴中 | 置 37 ℃水浴中 | 置沸水浴中 |
| 放入不同温度下 10 min | — | — | 冷水冷却 |

向各管中均加碘液 1～3 滴，摇匀观察，记录并解释各管的现象

表 3-8　酶的激活剂和抑制剂对酶活性的影响　　mL

| 试剂 | 1 | 2 | 3 |
| --- | --- | --- | --- |
| 1%NaCl 溶液 | 1 | — | — |
| 1%$CuSO_4$ 溶液 | — | 1 | — |
| 蒸馏水 | — | — | 1 |
| 0.5%淀粉溶液 | 1 | 1 | 1 |
| 唾液淀粉酶液 | 1 | 1 | 1 |
| 将上述各管溶液混匀后在 37 ℃水浴中保温 10 min | | | |
| 向各管中加碘液 1～3 滴，观察，记录并解释各管的现象 | | | |

## 五、注意事项

1. 各因素对酶活性的影响实验项目时，为确保实验的效果，各试剂加完后再加唾液淀粉酶液。

2. 加唾液淀粉酶时应从第一管开始依次进行，前后各管之间相隔时间控制在尽量短的时间内。

## 六、思考题

1. 温度对酶活性的影响，第 3 支管取出后为什么必须冷却？如不冷却，加碘后出现什么现象？为什么？

2. 酶的实验必须控制哪些条件？为什么？

# 实验 11 α-淀粉酶的活力测定

## 一、实验目的

1. 了解 α-淀粉酶活力测定的基本原理。
2. 掌握 α-淀粉酶活力测定的方法步骤(目视碘法)。

## 二、实验原理

α-淀粉酶能将淀粉分子链中的 α-1,4 葡萄糖苷键切断,使淀粉成为长短不一的短链糊精以及少量的麦芽糖和葡萄糖,所以酶反应过程中淀粉对碘呈蓝紫色的特异反应逐渐消失、以颜色消失的速度计算酶活力。酶活力的大小,即酶量的多少用酶活力单位(U)(activeunit)表示。1961 年国际生物化学学会酶学委员会提出采用统一的“国际单位”(IU)来表示酶的活力。

具体规定:在最适条件下,每分钟内催化 1 μmol 底物转化为产物所需的酶量定为一个活力单位,即 1 IU=1 μmol/min。所以酶的含量就可用每克酶制剂或每毫升酶制剂含有多少酶活力单位来表示(U/g 或 U/mL)。

碘比色法酶活力规定:在 60 ℃条件下,1 h 转化 1 g 淀粉变为无色糊精的酶量定义为 1 个酶活力单位。通过测定酶促反应分解一定量淀粉为无色糊精的时间,可计算其酶活力单位。

## 三、实验器材和试剂

1. 器材

白色瓷板、容量瓶、恒温水浴锅、量筒、烧杯、电子分析天平、pH 计、大试管等。

2. 试剂

(1)原碘液:称取 2.2 g 碘和 4.4 g 碘化钾完全溶解后定容至 100 mL,储存于棕色瓶中。

(2)稀碘液:吸取原碘液 1 mL,加 10 g 碘化钾用水溶解并定容至 250 mL,储存于棕色瓶中。

(3)2%可溶性淀粉溶液:称取 2.000 g(精确到 0.001 g)可溶性淀粉于烧杯中,加少量蒸馏水调成浆糊状物,边搅拌边缓缓加入沸水 70 mL,搅拌加热至完全透明冷却后定容至 100 mL,现配现用。

(4)磷酸氢二钠-柠檬酸缓冲液(pH 6.0):22.6 g 磷酸氢二钠($Na_2HPO_4 \cdot 12H_2O$)和 4 g 柠檬酸($C_6H_8O_7 \cdot H_2O$)溶解,定容至 500 mL。pH 计校正后使用。

(5)待测酸液。

## 四、实验步骤

1. 取锥形瓶一个,加入 2%淀粉 20 mL 和 pH6.0 的缓冲液 5 mL。
2. 将锥形瓶置于 60 ℃水浴中,保温 5 min。
3. 在比色盘中加入比色碘液,每孔 2 滴。
4. 在锥形瓶中加入淀粉酶溶液 2 mL,摇匀,从加入开始计时(60 ℃)。

5. 每隔 1 min 从锥形瓶中取 1 滴液体，与比色稀碘液混合，等反应颜色接近终点颜色（碘液颜色，淡黄色）时，每隔 30 s 从锥形瓶中取 1 滴液体与稀碘液混合，直至呈色与终点色一致，记录反应的总时间 t。

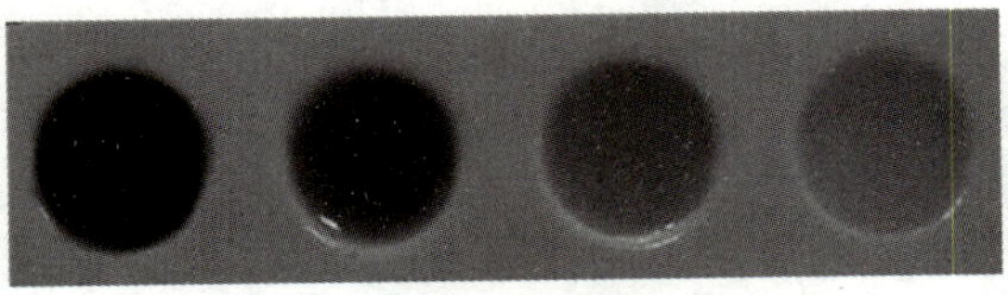

图 3-8 检测颜色变化

## 五、计算

IU：在 60 ℃条件下，1 h 转化 1 g 淀粉变为无色糊精的酶量定义为 1 个酶活力单位。

$$每毫升酶活力单位数(U/mL)=\frac{60}{t}\times 20\times 2\%\times\frac{1}{V}\times n$$

式中：$t$ 为反应时间；$V$ 为酶液体积（mL）；$n$ 为酶稀释倍数。

## 六、注意事项

1. 酶反应时间应准确计算。
2. 试剂加入按顺序进行。

## 七、思考题

1. 目视碘法测淀粉酶活力时应注意哪些事项？
2. 查阅资料，还有哪些方法测试淀粉酶活力？简单说明测试原理。

# 实验 12　琥珀酸脱氢酶的作用及其竞争性抑制的观察

## 一、实验目的

1. 掌握琥珀酸脱氢酶的催化作用及其意义。
2. 掌握酶的竞争性抑制作用及特点。

## 二、实验原理

竞争性抑制是指分子结构与底物相似的抑制剂可与底物竞争性结合酶的活性中心，抑制酶的活性。竞争性抑制剂的抑制程度取决于抑制剂与酶的亲和力及与底物浓度的相对比例。

丙二酸与琥珀酸分子结构相似，是琥珀酸脱氢酶的竞争性抑制剂。在体外则可用亚甲蓝作为受氢体，亚甲蓝接受琥珀酸脱下的 2H 而被还原为甲烯白，由蓝色变为无色。在亚甲蓝含量一定的条件下，蓝色消退的快慢程度可指示琥珀酸脱氢酶的活性，因此，可以依据蓝色消退的时间判断该酶活性被抑制的程度。

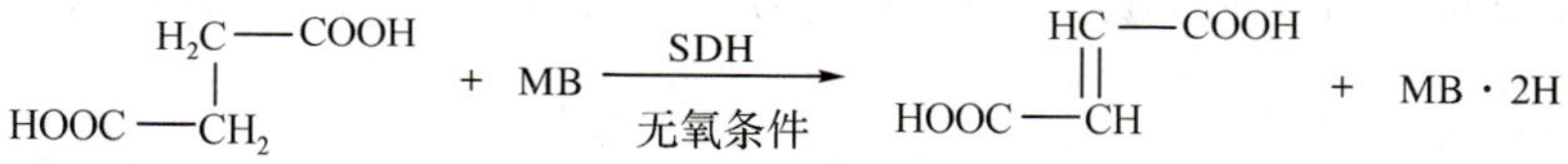

琥珀酸　甲烯蓝　延胡索酸　甲烯白

## 三、实验器材和试剂

1. 器材

新鲜的鸡肝脏、破碎机、手术剪刀、水浴锅等。

2. 试剂

1.5%琥珀酸钠溶液、1%丙二酸钠溶液、0.02%亚甲蓝溶液、1/15 mol/L $Na_2HPO_4$ 溶液、液状石蜡油等。

## 四、实验步骤

1. 取新鲜的鸡肝脏约 50 g，用缓冲液反复冲洗干净后剪碎。
2. 加入 1/15 mol/L $Na_2HPO_4$ 溶液，每人按 2 mL 计算，进行匀浆。
3. 取 4 支试管，按照表 3-9 操作。

表 3-9　添加试剂表

| 试管号 | 肝脏匀浆液（滴） | 1.5%琥珀酸钠液 | 1%丙二酸盐溶液 | 蒸馏水 | 0.02%亚甲蓝 |
|---|---|---|---|---|---|
| 1 | 10 | 5 | 0 | 20 | 2 |
| 2 | 10（煮沸） | 5 | 0 | 20 | 2 |
| 3 | 10 | 5 | 5 | 15 | 2 |
| 4 | 10 | 20 | 5 | 0 | 2 |

加入试剂后混匀，并立即在各试管中加入一层（1～1.5 cm 高）液状石蜡油。

5. 将各管置室温（或 37 ℃恒温水浴锅中），及时观察各管颜色的变化。

6. 比较颜色变化的速度，并试分析其原因。然后将第 1 支试管用力振摇，观察有何变化，观察并解释之。

## 五、注意事项

1. 各试管覆盖液状石蜡油前，一定要将其中的反应液充分混匀；覆盖液状石蜡油后，观察实验现象时，切勿摇动试管，以免氧气漏入而影响管内溶液颜色变化。

2. 在评定牛奶等级时，可用此法测定牛奶中杂菌含量。细菌越多，其脱氢酶活性越高，亚甲蓝脱色时间越短。因此，可用亚甲蓝脱色时间表示酶的活性或者细菌生长的情况。据上述原理，可用亚甲蓝脱色法来测定脱氢酶或细菌含量。脱色越快，细菌含量越高，牛奶质量越差。

## 六、思考题

1. 实验过程中，加液状石蜡油的目的是什么？

2. 各试管颜色变化快慢及程度有何不同？为什么？

3. 当第 1 支试管由蓝色变成无色时，再用力摇动，观察有何变化？为什么？

# 实验 13　碱性磷酸酶 $K_m$ 的测定

## 一、实验目的

1. 通过碱性磷酸酶(AKP)米氏常数的测定,了解其测定方法及意义。
2. 学会运用标准曲线测定酶的活性,加深对酶促反应动力学的理解。

## 二、实验原理

在环境温度、pH 和酶的浓度一定时,酶促反应速度与底物浓度之间的关系表现在反应开始时,酶促反应的速度($v$)随底物浓度(S)的增加而迅速增加,若继续增加底物浓度,反应速度的增加率将减少,当底物浓度增加到某种程度时,反应速度会达到一个极限值,即最大反应速度($v_{max}$),如图 3-9 所示。

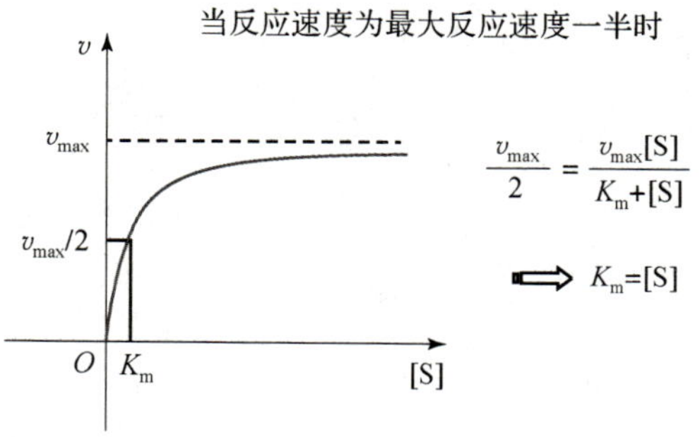


图 3-9　最大反应速度

底物浓度与酶促反应速度的这种关系可用 Michaelis-Menten 方程式表示:

$$v=v_{max}[S]/(K_m+[S])$$

式中:$v_{max}$ 为最大反应速度;[S]为底物浓度。

$K_m$ 为米氏常数(Michaelis constant),而其中 $v$ 则表示反应的起始速度。当 $v=v_{max}/2$ 时,$K_m=[S]$。所以米氏常数是反应速度等于最大反应速度一半时底物的浓度。因此 $K_m$ 的单位以摩尔浓度(mol/L)表示。

$K_m$ 是酶的最重要的特征性常数,测定 $K_m$ 值是研究酶动力学的一种重要方法,大多数酶的 $K_m$ 值为 0.01～100 mmol/L。

酶促反应的最大速度 $v_{max}$ 实际上不易准确测定,$K_m$ 值也就不易准确测出。林-贝(Lineweaver-Burk)根据 Michaelis-Menten 方程,推导出如下方程式,即:

$$1/v=(K_m+[S])/v_{max}[S] \text{或} 1/v=K_m/v_{max}\cdot(1/[S])+1/v_{max}$$

此式为直线方程,以不同的底物浓度 1/[S]为横坐标,以 $1/v$ 为纵坐标,并将各点连成一直线,向纵轴方向延长,此线与横轴相交的负截距为 $-1/K_m$,由此可以正确求得该酶的 $K_m$ 值。

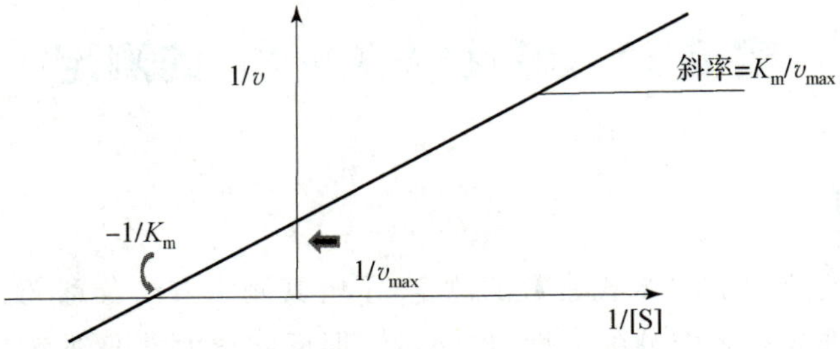


本实验以碱性磷酸酶为例，测定不同底物浓度的酶活性，再根据 Lineweaver-Burk 法作图，计算其 $K_m$ 值。

可以作为碱性磷酸酶底物的物质很多，底物反应的酶对于不同的底物有不同的 $K_m$ 值。本实验以磷酸苯二钠为底物，由碱性磷酸酶催化水解，生成游离酚和磷酸盐。酚在碱性条件下与 4-氨基安替比林作用，经铁氰化钾氧化，生成红色的醌衍生物，颜色深浅和酚的含量成正比。根据吸光度的大小可以计算出酶的活性，也可以从标准曲线上查知酚的含量，进而算出酶活性的大小。反应式如下：

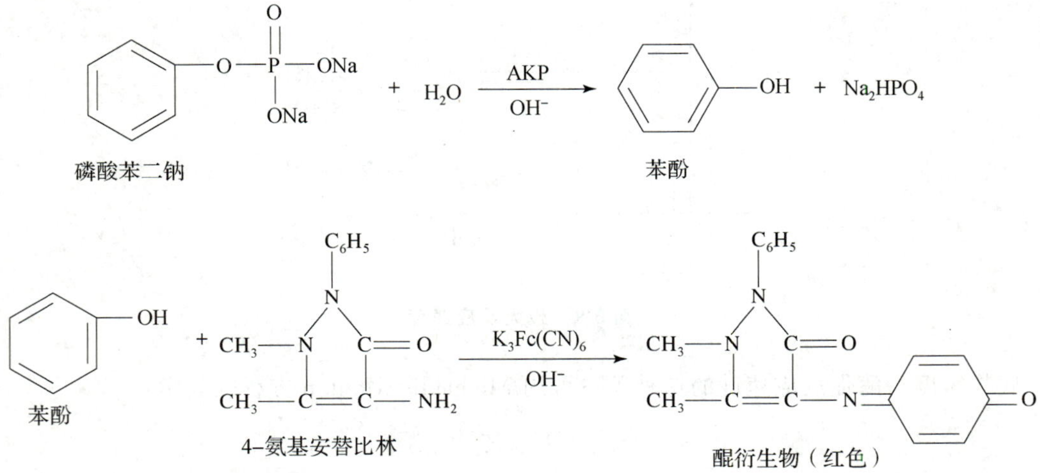


## 三、实验器材与试剂

1. 器材

移液器、试管、分光光度计等。

2. 实验试剂

(1)0.04 mol/L 磷酸苯二钠。

(2)0.1 mol/L pH 10.0 碳酸盐缓冲液。

(3)碱性磷酸酶液。

(4)0.5 mol/L NaOH 溶液。

(5)0.3%AAP(4-氨基安替比林)溶液。

(6)0.5%铁氰化钾溶液。

## 四、实验步骤

取 8 支试管编号，作好标记。按表 3-10 操作。

表 3-10 试剂添加表

mL

| | 1 | 2 | 3 | 4 | 5 | 6 | 7 | 8 |
|---|---|---|---|---|---|---|---|---|
| 磷酸苯二钠溶液 | 0.05 | 0.15 | 0.25 | 0.30 | 0.40 | 0.60 | 0.80 | 0.00 |
| 碳酸盐缓冲液 | 0.90 | 0.90 | 0.90 | 0.90 | 0.90 | 0.90 | 0.90 | 0.90 |
| 蒸馏水 | 0.95 | 0.85 | 0.75 | 0.70 | 0.60 | 0.40 | 0.20 | 1.00 |
| 混匀后 37 ℃水浴中保温 5 min，再加入下一试剂 | | | | | | | | |
| 酶液 | 0.1 | 0.1 | 0.1 | 0.1 | 0.1 | 0.1 | 0.1 | 0.1 |
| 加入酶液后立即混匀(保持 37 ℃水浴)，并且立即记录时间，准确保温 15 min<br>保温结束，立即按下表加碱性溶液终止反应 | | | | | | | | |
| 碱性溶液 | 1.0 | 1.0 | 1.0 | 1.0 | 1.0 | 1.0 | 1.0 | 1.0 |
| 4-氨基安替比林 | 1.0 | 1.0 | 1.0 | 1.0 | 1.0 | 1.0 | 1.0 | 1.0 |
| 铁氰化钾 | 2.0 | 2.0 | 2.0 | 2.0 | 2.0 | 2.0 | 2.0 | 2.0 |

混匀，室温放置 10 min，以 8 号管为空白，于 510 nm 波长处比色，记录各管的光密度。

## 五、实验结果

1. 原始数据记录见表 3-11。

表 3-11 原始数据

| 结果记录 | 1 | 2 | 3 | 4 | 5 | 6 | 7 | 8 |
|---|---|---|---|---|---|---|---|---|
| OD 值 | | | | | | | | |
| 底物浓度 mmol/L | 1 | 3 | 5 | 6 | 8 | 12 | 16 | 0 |
| 1/[S] | 1 | 0.333 | 0.200 | 0.167 | 0.125 | 0.083 | 0.063 | — |
| 1/OD | | | | | | | | |

2. 作图

以[S]为横轴，$OD_{510}$ 为纵横作图，观察曲线形状，查 $K_m$ 值。

以 1/[S]为横轴，1/OD 为纵轴作图，观察曲线形状，查 $K_m$ 值。比较两个值的差异。

## 六、思考题

1. 比较两个值的大小，分析实验误差产生的原因。
2. 比较两种 $K_m$ 测定方法的优缺点。

HAPTER 4

# 第四章 核 酸

## 实验1 Trizol法制备组织中RNA

### 一、实验目的

1. 掌握用Trizol试剂提取RNA的技术。
2. 了解Trizol法提取RNA的原理。

### 二、实验原理

核酸通常与蛋白质结合，形成两种核蛋白：即核糖核蛋白(RNP)和脱氧核糖核蛋白(DNP)。在分离RNA时必须使RNP中的RNA与蛋白质解离，并除去蛋白质。除去蛋白质的方法主要有氯仿法、盐酸胍法、十二烷基硫酸钠(SDS)法和酚法。本实验用Trizol试剂提取动物肝组织中的RNA。Trizol是一种新型总RNA抽提试剂。Trizol的主要成分是苯酚和异硫氰酸胍等物质。苯酚的主要作用是裂解细胞，使细胞中的蛋白质、核酸物质解聚而得到释放，但苯酚不能完全抑制RNA酶活性，而Trizol试剂内含有的异硫氰酸胍等物质，能迅速破碎细胞，抑制细胞释放出的核酸酶。此外，Trizol中还加入了8-羟基喹啉、β巯基乙醇等来抑制内源RNase和外源RNase。

RNA酶(RNase)是导致RNA降解最主要的物质。RNase非常稳定，并且很难灭活，常规高温高压灭菌方法和蛋白质抑制剂不能使所有的RNase完全失活。在一些极端的条件下RNase只可暂时失活，但限制因素去除后又迅速恢复活性。RNase污染的主要来源是操作过程中手和空气中的浮尘，因此制备RNA时必须戴手套，样品尽可能盖严。塑料制品尽量使用一次性无菌塑料制品。玻璃和金属物品应 250 ℃烘烤 3 h 以上。DEPC(二乙基焦碳酸酯)是 RNA 酶的化学修饰剂,它和 RNA 的活性基团组氨酸的咪环反应而抑制 RNA 酶活性。RNA 提取过程中的试剂要用 DEPC-$H_2O$ 配制。但 DEPC 能与胺和巯基反应,因而含 Tris 和 DTT 的试剂不能用 DEPC 处理。

## 三、实验器材和试剂

1. 器材

匀浆器、高速冷冻离心机、离心管、烧杯、量筒、剪刀、冰等。

2. 试剂

(1)动物肝脏。

(2)Trizol:采用市售试剂。

(3)异丙醇。

(4)氯仿溶液。

(5)75%乙醇。

(6)DEPC- $H_2O$:在玻璃烧杯中加入 999.5 mL 去离子水,加入 0.5 mL 二乙基焦碳酸酯(DEPC),在摇床上振荡混匀数小时,高压灭菌后使用。

## 四、实验步骤

二维码 4-1 Trizol 法制备组织中 RNA

1. 取新鲜的肝组织,用蒸馏水或生理盐水洗涤多遍,直到无明显血水。将肝组织用滤纸吸干水分,去除结缔组织后,称取 100 mg 剪碎。

2. 将肝组织放入冰冻的研钵中,加 1 mL 冰冷的 Trizol 试剂充分研磨,直到形成匀浆。将匀浆转移到 1.5 mL 离心管中,室温静置 5 min。

3. 向离心管中加入氯仿溶液 0.2 mL,剧烈振荡 15~30 s,室温静置 2~3 min,在 4 ℃下以 10 000 r/min 离心 15 min。

4. 离心后的溶液,上层水相含有 RNA,下层有机相和中间层含蛋白质和 DNA 等杂质,小心用移液器转移上层水相至一支新的 1.5 mL 离心管中,注意移液器枪头不要触动中间层和下层溶液。

5. 向上清液中加入 0.5 mL 异丙醇,充分混匀,室温静置 10 min,然后在 4 ℃下以 12 000 r/min 离心 10 min。

6. 弃上清液,用 1 mL 75%乙醇溶液洗涤沉淀两次,在 4 ℃下以 10 000 r/min 离心 5 min,弃上清液,在室温真空下干燥沉淀。用约 20 μL DEPC-$H_2O$ 溶解沉淀,置于-20 ℃保存。

## 五、注意事项

1. Trizol 的主要成分是异硫氰酸胍和酚,对眼睛有刺激性,腐蚀皮肤,操作过程中要注意防护。用 Trizol 抽提 RNA 时要戴一次性手套,避免接触皮肤和衣服。

2. DEPC 为活性很强的剧毒物,须在通风橱中小心操作。

3. 在提取 RNA 过程中要注意避免 RNase 的污染。

## 六、思考题

1. Trizol 试剂中含哪些成分？各种成分分别起什么作用？
2. 在提取 RNA 过程中如何避免 RNase 的污染？

# 实验2 浓盐法提取酵母 RNA

## 一、实验目的

1. 了解浓盐法提取酵母 RNA 的原理。
2. 掌握用浓盐法提取 RNA 的技术。

## 二、实验原理

微生物尤其是酵母，其是工业上生产核酸的理想原料，这是因为酵母细胞中 RNA 含量较高(2.67%～10%)，而 DNA 含量较低(0.03%～0.52%)。工业上常用浓盐法和稀碱法从酵母中提取 RNA。本实验用浓盐法提取酵母 RNA。高盐以及加热条件会引起细胞彻底溶胀破碎，可以使核酸从细胞内释放出来，并与蛋白质分离。然后将溶液的 pH 调节到 RNA 的等电点(pH 2.0～2.5)。在等电点处 RNA 溶解度小，因此在中性盐存在时，RNA 从溶液中被沉淀出来，通过离心收集产品。浓盐法提取率一般低于稀碱法，但产品纯度高；而稀碱法提取时间短，更利于工业化生产。用浓盐法提取 RNA 时应使溶液的温度迅速升高到 90～100 ℃，避免在 20～70 ℃停留过长时间。这是因为在 20～70 ℃的温度范围内，磷酸单酯酶和磷酸二酯酶的活性较强，会降解 RNA，而加热到 90～100 ℃，磷酸单酯酶和磷酸二酯酶等变性失活，RNA 不会被降解。

## 三、实验器材和试剂

1. 器材

天平、烧杯、三角瓶、量筒、玻璃棒、离心机、离心管、恒温水浴锅、勺子、pH 试纸或 pH 计等。

2. 试剂

(1)干酵母。

(2)15%NaCl 溶液：称取 15 g NaCl，加蒸馏水溶解，定容 100 mL。

(3)6 mol/L HCl：量取浓盐酸 50 mL，加到 50 mL 蒸馏水中，摇匀。

(4)75%乙醇。

(5)乙醚。

## 四、实验步骤

1. 称取 2 g 干酵母，放入三角瓶中，向三角瓶中加入 20 mL 15% NaCl 溶液，混匀后，放在沸水浴中加热，静置 60 min。

2. 将三角瓶取出，用自来水冷却，将提取液转移到离心管中，以 10 000 r/min 离心 10 min。

3. 将上清液转入烧杯中，烧杯放在冰上冰浴。加入 6 mol/L HCl 调节溶液的 pH 至 2.0～2.5，边加盐酸边搅拌(要严格控制溶液的 pH 2.0～2.5)。当溶液的 pH 到达 RNA 的等电点

(pH 2.0～2.5) 时，溶液中会出现 RNA 沉淀，在冰浴上静止放置 10 min，以使 RNA 沉淀完全。

4. 将上述溶液转到离心管中，以 10 000 r/min 离心 5 min。弃去上清液，沉淀用勺子从离心管中转移到试管内，加入乙醚 2 mL 脱水。将试管放到冰箱保存，用于以后测定其含量。

## 五、注意事项

1. 在提取 RNA 过程中要注意避免 RNase 的污染。

2. 加热提取 RNA 时，应使溶液的温度迅速升高到 90～100 ℃，避免在 20～70 ℃停留过长时间。

3. 调节 pH 时要严格控制溶液的 pH 2.0～2.5。

## 六、思考题

1. 浓盐法提取 RNA 的原理是什么?

2. 为什么提取过程中调节溶液的 pH 可使 RNA 沉淀? 除此方法以外，还可以用什么方法沉淀 RNA?

# 实验 3　紫外吸收法测定核酸含量

## 一、实验目的

掌握紫外吸收法测定核酸含量的原理及实验方法。

## 二、实验原理

核酸(DNA、RNA)都有吸收紫外光的性质，最大紫外吸收值在 260 nm 波长处。这一性质是由于核酸组成中的嘌呤环和嘧啶环都具有共轭双键系统。遵照 Lambert-Beer 定律，核酸的含量可以根据紫外光吸收值的变化来测定。由于嘌呤、嘧啶碱基的结构可以随 pH 的变化表现出互变异构，紫外吸收光也随之表现出明显的差异。所以，在测定核酸含量时应维持 pH 恒定。

核酸和核苷酸的摩尔消光系数(或称吸收系数)用 $\rho$ 来表示，$\rho$ 为每升溶液中含 1 mol 核酸在 260 nm 波长处的吸光值(即消光值，光密度，或称为光吸收)。核酸的摩尔消光系数不是一个常数。RNA 的 $\rho_{260}$(pH 7)为 7 700～7 800。RNA 的含磷量约为 9.5%，每毫升溶液含1 μg RNA 的光吸收值相当于 0.022～0.024。小牛胸腺 DNA 钠盐的 $\rho_{260}$(pH 7)为 6 600，含磷量为 9.2%，每毫升溶液含 1 μg DNA 的钠盐光吸收值为 0.020。所以，采用紫外分光光度法测定核酸含量时，通常规定：在 260 nm 波长下，浓度为 1 μg/mL 的 DNA 溶液，其吸光值为 0.020；而浓度为 1 μg/mL 的 RNA 溶液，其吸光值为 0.024。因此，测定未知浓度的 DNA/RNA 溶液的吸光度 $A_{260}$，即可计算测出其中核酸的含量。蛋白质也能吸收紫外光，因为有些氨基酸含有芳香环。通常蛋白质的紫外吸收高峰在 280 nm 波长处，而在 260 nm 波长处，蛋白质的紫外吸收值仅为核酸紫外吸收值的 1/10 或更低，故核酸样品中蛋白质含量较低时，对核酸的紫外测定值影响不大。一般情况下，RNA 在 260 nm 与 280 nm 的紫外光吸收值的比值在 2.0 以上；DNA 在 260 nm 与 280 nm 的紫外光吸收值的比值则在 1.9 左右。但当样品中蛋白质含量较高时，这一比值即下降，这时表明核酸样品受到了较严重的蛋白质污染。

紫外吸收法测定核酸含量简便快速，灵敏度高，一般可达 3 μg/mL 的检测水平。

## 三、实验器材和试剂

1. 器材

电子分析天平、紫外分光光度计、容量瓶、试管，冰浴或冰箱、石英比色杯、离心管、离心机等。

2. 试剂

(1)待测的核酸样品 DNA 或 RNA。

(2)钼酸铵-过氯酸试剂：取 3.6 mL 70%过氯酸和 0.25 g 钼酸铵溶于 96.4 mL 蒸馏水中。

## 四、实验步骤

1. 将核酸样品配制成每毫升含 5～50 μg 核酸溶液，于紫外分光光度计上分别测定 260 nm

和 280 nm 的紫外吸收值。利用下面的公式，计算核酸浓度，并计算 $A_{260}/A_{280}$ 紫外吸收值的比值，推断核酸的纯度。

$$\text{RNA 浓度}(\mu g/mL)=\frac{A_{260}}{0.024\times L}\times\text{稀释倍数}$$

$$\text{DNA 溶度}(\mu g/mL)=\frac{A_{260}}{0.020\times L}\times\text{稀释倍数}$$

式中：$A_{260}$ 为被测样品稀释液在 260 nm 波长处的吸光度比值；$L$ 为比色杯的厚度（一般为 1 cm）；0.020 为脱氧核糖核酸的消光系数，即每毫升含 1 μg DNA 钠盐的溶液（pH 为中性）在 260 nm 波长处，通过光径为 1 cm 时的光密度值；0.024 为核糖核酸的消光系数，是浓度为 1 μg/mL 的核糖核酸水溶液（pH 为中性）在 260 nm 波长处，通过光径为 1 cm 时的光密度值。

2. 如果待测的核酸样品中含有酸性核苷酸或有小分子的低聚核苷酸，应当用钼酸铵-过氯酸作为沉淀剂，除去这些物质。具体操作如下：

（1）取两支试管，A 管加入 2 mL 核酸样品溶液和 2 mL 蒸馏水，B 管加 2 mL 核酸样品溶液和 2 mL 钼酸铵-过氯酸试剂。摇匀，在冰浴中放置 30 min。

（2）将 A、B 管的溶液转移入离心管中，在 4 ℃下以 3 000 r/min 离心 10 min。

（3）从 A、B 两管中分别吸取 1 mL 上清液，用蒸馏水定容至 100 mL。选择厚度为 1 cm 的石英比色杯，测定样品稀释液在 260 nm 处的吸光度值。

$$A_{260}\text{RNA 或 DNA 浓度}=\frac{\Delta A_{260}}{0.024(\text{或 }0.020)\times L}\times N$$

式中：$\Delta A_{260}$ 为 A 管稀释液在 260 nm 波长处吸光度比值减去 B 管稀释液在 260 nm 波长处吸光度比值；$L$ 为比色杯的厚度（一般为 1 cm）；$N$ 为稀释倍数，计算出的核酸浓度的单位是 mg/mL。

## 五、思考题

1. 紫外光吸收法测定样品的核酸含量时，为何要必须使用石英比色杯？
2. 如果测定的样品中含有核苷酸类杂质，应如何校正？

# 实验 4　PCR 技术扩增 DNA

## 一、实验目的

1. 通过本实验初步掌握 PCR 反应的基本原理。
2. 熟练掌握 PCR 操作技术。

## 二、实验原理

聚合酶链式反应(Polymerase Chain Reaction,PCR)是体外酶促合成特异 DNA 片段的一种方法,为最常用的分子生物学技术之一。典型的 PCR 由:高温变性模板,引物与模板退火,引物沿模板延伸三步反应组成一个循环,通过多次循环反应,使目的 DNA 得以迅速扩增。其主要步骤是:将待扩增的模板 DNA 置高温下(通常为 93～94 ℃)使其变性分解成单链;人工合成的两个寡核苷酸引物在其合适的复性温度下分别与目的基因两侧的两条单链互补结合,两个引物在模板上结合的位置决定了扩增片段的长短;耐热的 DNA 聚合酶(Taq 酶)在 72 ℃将单核苷酸 dNTP 从引物的 3′端开始掺入,以目的基因为模板从 5′→3′方向延伸,合成 DNA 的新互补链。

PCR 能快速特异扩增任何已知目的基因或 DNA 片段,并能轻易在皮克(pg)水平起始 DNA 混合物中的目的基因扩增达到纳克、微克、毫克级的特异性 DNA 片段。因此,PCR 技术一经问世就被迅速而广泛地用于分子生物学的各个领域。

PCR 技术不仅可以用于基因的分离、克隆和核苷酸序列分析,还可以用于突变体和重组体的构建,基因表达调控的研究,基因多态性的分析,遗传病和传染病的诊断,肿瘤机制的探索,法医鉴定等诸多方面。

通常,PCR 在分子克隆和 DNA 分析中有以下多种用途:

①生成双链 DNA 中的特异序列作为探针。

②由少量 mRNA 生成 cDNA 文库。

③从 cDNA 文库中克隆某些基因。

④生成大量 DNA 以进行序列测定。

⑤突变的分析。

⑥染色体步移。

⑦RAPD、AFLP、RFLP 等 DNA 多态性分析等。

## 三、实验器材和试剂

1. 器材

PCR 热循环仪、微量移液器、琼脂糖凝胶电泳系统、PCR 管、吸头、小离心管、一次性手套等。

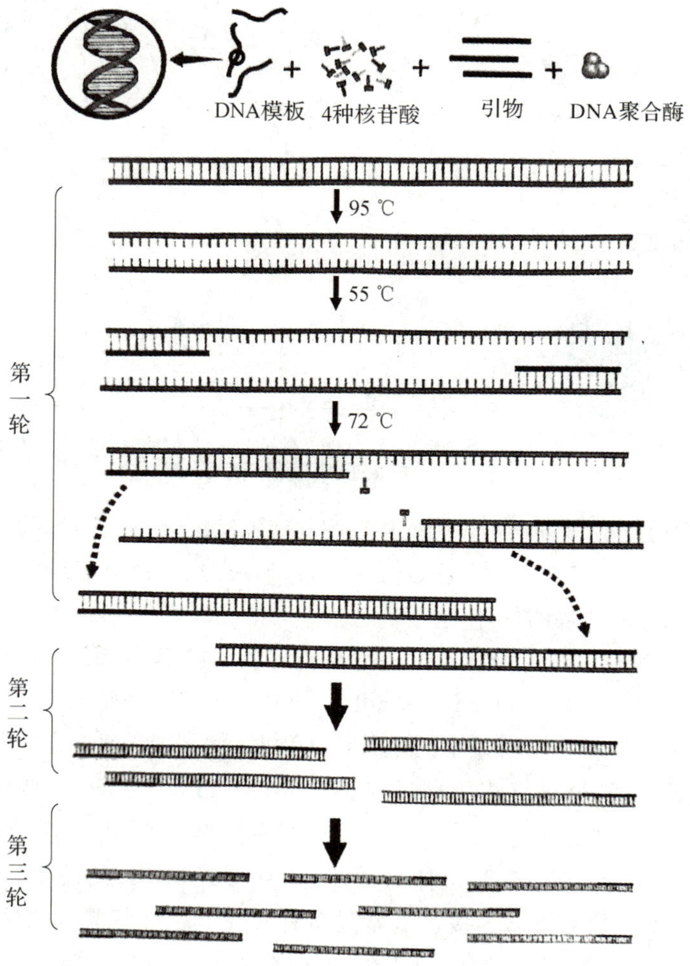


图 4-1 **DNA 扩增模式**

2. 试剂

DNA 模版、对应目的基因的特异引物、10×PCR Buffer、2 mmol/L dNTP Mix(含 dATP、dCTP、dGTP、dTTP 各 2 mmol/L)、Taq 酶。

## 四、实验步骤

二维码 4-2 PCR 技术扩增 DNA

1. PCR 扩增

在冰浴中,在一微量离心管中依次加入下列试剂(体系 20 μL):

①DNA 模板,2 μL。

②2×PCR Mix(含 $MgCl_2$,dNTP,Taq DNA pol.),10 μL。

③5′引物(10 μmol/L),2 μL。

④3′引物(10 μmol/L),2 μL。

⑤去离子水(补足反应体系),4 μL。

将上述混合液稍加离心,立即置 PCR 仪中,执行扩增。一般:在 93～95 ℃预变性 3～5 min,进入循环扩增阶段:93～95 ℃ 30～40 s→52～58 ℃ 30 s→72 ℃ 60 s,循环 25～40 次,最后在 72 ℃保温 4～10 min。

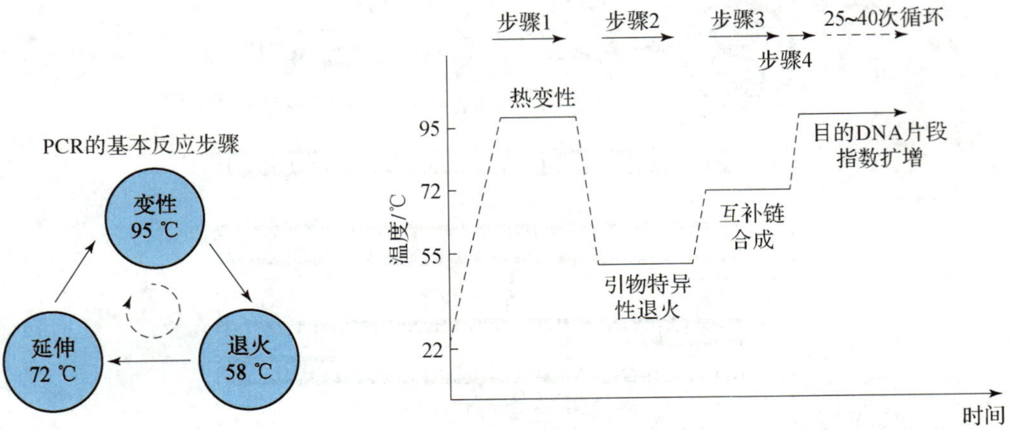


**图 4-2 PCR 反应过程示意图**

PCR 反应体系由反应缓冲液（10×PCR Buffer）、脱氧核苷三磷酸底物（dNTP mix）、耐热 DNA 聚合酶（Taq 酶）、寡聚核苷酸引物（Primer1，Primer2）、靶序列（DNA 模板）五部分组成。各个组分都能影响 PCR 结果的好坏。

dNTP：高浓度 dNTP 易产生错误掺入，过高则可能不扩增；但浓度过低，将降低反应产物的产量。PCR 中常用终浓度为 50～400 μmol/L 的 dNTP。四种脱氧三磷酸核苷酸的浓度应相同，如果其中任何一种的浓度明显不同于其他几种时（偏高或偏低），就会诱发聚合酶的错误掺入作用，降低合成速度，过早终止延伸反应。此外，dNTP 能与 $Mg^{2+}$ 结合，使游离的 $Mg^{2+}$ 浓度降低。因此，dNTP 的浓度直接影响到反应中起重要作用的 $Mg^{2+}$ 浓度。

Taq DNA 聚合酶：在 100 μL 反应体系中，一般加入 2～4 μL 的酶量，足以达到每分钟延伸 1 000～4 000 个核苷酸的掺入速度。酶量过多将导致产生非特异性产物。但是，不同的公司或不同批次的产品常有很大的差异，由于酶的浓度对 PCR 反应影响极大，因此应当作预试验或使用厂家推荐的浓度。当降低反应体积时（如 20 μL 或 50 μL），一般酶的用量仍不小于 2 μL，否则反应效率将降低。

引物：引物是决定 PCR 结果的关键，引物设计在 PCR 反应中极为重要。要保证 PCR 反应能准确、特异、有效地对模板 DNA 进行扩增，通常引物设计要遵循以下几条原则：

①引物的长度以 15～30 bp 为宜，一般（G+C）的含量在 45%～55%，Tm 值高于 55 ℃ [Tm=4(G+C)+2(A+T)]。应尽量避免数个嘌呤或嘧啶的连续排列，碱基的分布应表现出是随机的。

②引物的 3′端不应与引物内部有互补，避免引物内部形成二级结构，两个引物在 3′端不应出现同源性，以免形成引物二聚体。3′端末位碱基在很大程度上影响着 Taq 酶的延伸效率。两条引物间配对碱基数少于 5 个，引物自身配对若形成茎环结构，茎的碱基对数不能超过 3 个，由于影响引物设计的因素比较多，现常常利用计算机辅助设计。

③人工合成的寡聚核苷酸引物需经 PAGE 或离子交换 HPLC 进行纯化。

④引物浓度不宜偏高，浓度过高有两个弊端：一是容易形成引物二聚体（Primer-dimer），二是当扩增微量靶序列并且起始材料又比较粗时，容易产生非特异性产物。一般来说，用低浓度引物不仅经济，而且反应特异性也较好。一般用 0.25～0.5 pmol/L/μL 较好。

⑤引物一般用 TE 配制成较高浓度的母液（约 100 μmol/L），保存于−20 ℃。使用前取出

其中一部分用双蒸水 $ddH_2O$ 配制成 10 μmol/L 或 20 μmol/L 的工作液。

⑥模板。PCR 对模板的要求不高，单、双链 DNA 均可作为 PCR 的样品。虽然 PCR 可以用极微量的样品(甚至是来自单一细胞的 DNA)作为模板，但为了保证反应的特异性，一般还宜用 μg 水平的基因组 DNA 或 104 拷贝的待扩增片段作为起始材料。原材料可以是粗制品，某些材料甚至仅需用溶剂一步提取之后即可用于扩增，但混有任何蛋白酶、核酸酶、Taq DNA 聚合酶抑制剂以及能结合 DNA 的蛋白，将可能干扰 PCR 反应。

2. *扩增产物保存和检测*

扩增后的产物进行琼脂糖凝胶电泳检测，如果在几个小时内检测，保存温度在 4 ℃，保存时间不应该超过 24 h，否则应该保存在 −20 ℃。

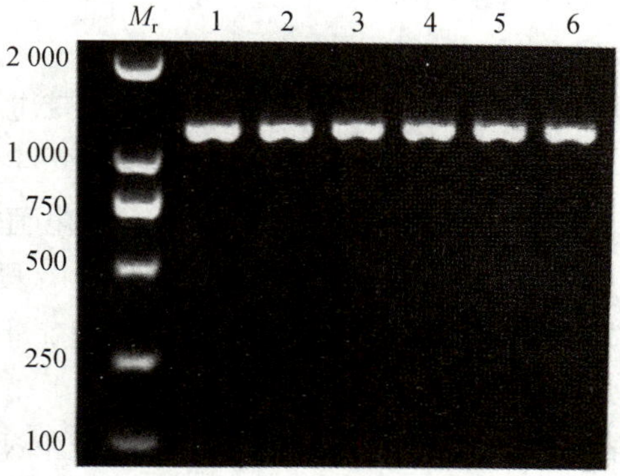

照片图

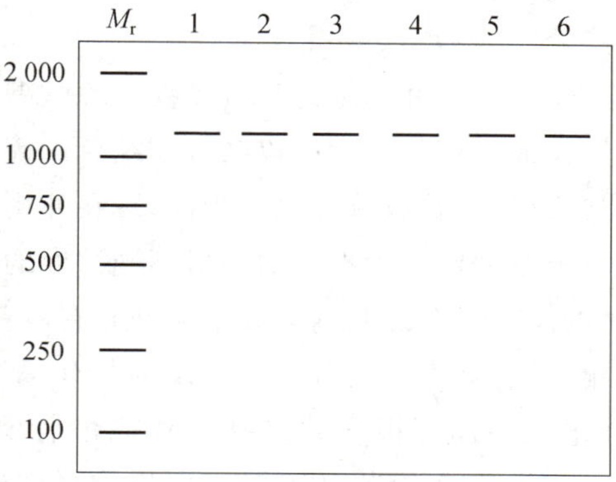

示意图

图 4-3 **PCR 结果**

## 五、注意事项

1. 在反应体系中，一般 Taq DNA 聚合酶最后加入，而且加入后尽快进行 PCR 扩增，Taq DNA 聚合酶加入前后都要存放在 −20 ℃。

2. 反应前，要确保 PCR 管盖严，否则水分蒸发，反应体系变化太大，影响扩增。

3. 退火以及延伸的温度和时间应该根据不同的样品而设定。

## 六、思考题

1. 降低退火温度对反应有何影响？
2. 延长变性时间对反应有何影响？
3. 循环次数是否越多越好？为什么？
4. 如果出现非特异性带，可能有哪些原因？
5. PCR 反应污染主要来自哪里？应该怎样减少污染？

# 实验 5　琼脂糖凝胶电泳技术

## 一、实验目的

掌握琼脂糖凝胶电泳的方法和原理。

## 二、实验原理

凝胶电泳是分离与测定生物大分子的一项重要技术，琼脂糖凝胶电泳或聚丙烯酰胺凝胶电泳都是分离鉴定及纯化 DNA 片段的标准方法。该技术操作简单、快速，可以分辨出其他方法不能分辨的 DNA 片段。

琼脂糖是一种天然的直链多糖。琼脂糖的原料是琼脂，它由不带电的琼脂糖和带电荷的琼胶所构成。琼胶中含有以共价键结合的硫酸根和羧基，因此带有电荷，电泳时极易产生严重的电渗现象，影响电泳结果。为此，现在使用的是已经将琼胶分离除去，只剩下不带电荷的琼脂糖。琼脂糖可以根据需要制成不同浓度的琼脂糖凝胶，分离分子量大小不同 DNA 片段。

DNA 分子在琼脂糖凝胶中泳动时有电荷效应和分子筛效应，前者由分子所带电荷量的多少而定，后者则主要与分子大小及构象有关。DNA 分子在高于其等电点的 pH 溶液中带负电荷，在电场中向正极移动。由于糖-磷酸骨架在结构上的重复性质，相同数量的双链 DNA 几乎具有等量的净电荷，因此它们能以同样的速度向正极移动。在一定的电场强度下 DNA 分子的泳动速度取决于 DNA 分子大小和构象。

DNA 分子的迁移速度与其相对分子质量的对数成反比。DNA 分子的构象也影响其迁移速度，同样相对分子质量的 DNA，超螺旋共价闭环质粒 DNA（covalently closed circular DNA，ccc DNA）迁移速度最快，线状 DNA（linear DNA）其次，开环 DNA（open circular DNA，ocDNA）最慢。琼脂糖凝胶分离 DNA 的范围较广，用各种浓度的琼脂糖凝胶可以分离长度为 200 bp～50 kb 的 DNA。

利用溴酚蓝染色剂可以判断电泳迁移距离。观察琼脂糖凝胶中的 DNA 片段最简便的方法是利用荧光染料溴化乙啶（或其替代品 Goldview）进行染色，溴化乙啶可以嵌入 DNA 的堆积碱基之间的一个平面基团，从而与 DNA 结合，并呈现荧光，显示出不同分子量的 DNA 带图谱，用已知大小的标准样品与未知片段的迁移距离相比较，就可以确定未知 DNA 分子量的大小。

表 4-1　不同浓度琼脂糖凝胶分离 DNA 分子的范围

| 琼脂糖的含量(%) | 分离线状 DNA 分子的有效范围(kb) |
|---|---|
| 0.3 | 5～60 |
| 0.6 | 1～20 |
| 0.7 | 0.8～10 |
| 0.9 | 0.5～7 |
| 1.2 | 0.4～6 |
| 1.5 | 0.2～4 |
| 2.0 | 0.1～3 |

## 三、实验器材和试剂

1. 器材

电泳仪、电泳槽、微量加样器(25 pL)、烧杯、微波炉等。

2. 试剂

(1)待检测 DNA 样品。

(2)(pH 8.0)5×TBE 缓冲液(5 倍的 Tris-硼酸-EDTA 缓冲液)。称取 54 g Tris 和 27.5 g 硼酸,置于盛有适量蒸馏水的烧杯中,再加入 20 mL 0.5 mol/L EDTA(pH 8.0)溶液,定容至 1 000 mL。

(3)加样缓冲液:0.2%溴酚蓝,50%蔗糖。取溴酚蓝 200 mg,加重蒸水 10 mL,室温过夜,待溶解后再称取蔗糖 50 g,加重蒸水溶解后转移至溴酚蓝溶液中,混匀定容至 100 mL,加 10 mol/L NaOH 1～2 滴,调至蓝色。

(4)琼脂糖。

(5)核酸染料。

(6)DNA 标准分子量 marker。

## 四、实验步骤

1. 按所分离的 DNA 分子的大小范围,选择合适比例的凝胶,称取适量的琼脂粉,放到一锥形瓶中,计算加入的 TBE 电泳缓冲液的体积。将锥形瓶置微波炉加热至琼脂粉完全溶化,溶液透明。待胶液冷却至 60 ℃左右,在胶液内加入适量比例的 DNA 染料。

2. 水平放置胶槽,在一端插好梳子,在槽内缓慢倒入已冷却至 60 ℃左右的胶液,使之形成均匀水平的胶面。

3. 待胶凝固后,小心拔起梳子,使加样孔端置阴极段放进电泳槽内。

4. 在槽内加入 TBE 电泳缓冲液,至液面略高于胶面。

5. 取 5～10 μL 扩增样品用移液枪加至凝胶的加样孔中。

6. 接通电泳仪和电泳槽,并接通电源(电极负极在加样孔一端),调节合适电压,稳压输出,开始电泳。

7. 观察溴酚蓝的带(蓝色)的位置。当其移动至约凝胶长 2/3 处时,可停止电泳。

8. 在凝胶成像仪上观察电泳条带结果。

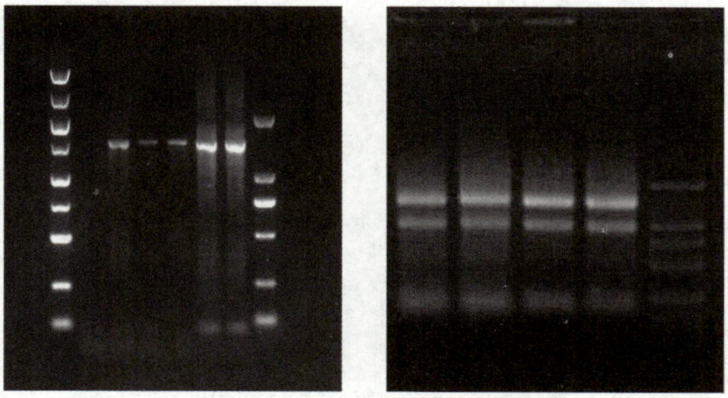

图 4-4 电泳结果示意图

## 五、注意事项

1. 须待胶液冷到一定温度后才能倒胶，倒胶时不能产生气泡。

2. 若用溴化乙啶（EB）作为染料，在操作时，应戴手套，沾有溴化乙啶的手套应及时丢弃处理。

## 六、思考题

1. DNA 样品经琼脂糖凝胶电泳后未出现预期的结果，可能的原因是什么？

2. 琼脂糖作为凝胶电泳的支持物有何优点？

# 实验6 质粒DNA提取、纯化及验证

## 一、实验目的

1. 掌握碱变性提取法的原理及各种试剂的作用。
2. 掌握碱变性法提取质粒DNA的方法。

## 二、实验原理

在细菌细胞中，染色体DNA以双螺旋结构存在，质粒DNA以共价闭合环状形式存在，细胞破碎后，染色体DNA和质粒DNA均被释放出来，但是两者变性与复性所依赖的溶液pH不同。在pH高达12.0的碱性溶液中，染色体DNA氢键断裂，双螺旋结构被破坏；共价闭合环状质粒DNA的大部分氢键断裂，但两条互补链由于环状双螺旋结构而无法完全分离。当用pH 4.6的KAc（或NaAc）高盐溶液添加到碱性溶液至中性时，变性的质粒DNA可恢复原来的共价闭合环状超螺旋结构而溶解于溶液中；但染色体DNA不能复性，而是与不稳定的大分子RNA、蛋白质-SDS复合物等一起形成缠联的、可见的白色絮状沉淀，可通过离心分离除去。溶于上清液的质粒DNA，可用无水乙醇和盐溶液，使之凝聚而形成共沉淀。由于DNA和RNA性质相似，乙醇沉淀DNA的同时，也伴随着RNA沉淀，可用RNase A将RNA降解。质粒DNA溶液中的RNase A以及一些可溶性的蛋白，可通过酚和氯仿抽提除去，最后获得纯度较高的质粒DNA。

抽提质粒DNA过程中，由于各种因素影响，会获得三种构象的质粒，即超螺旋共价闭合环状DNA、开环DNA、线状DNA。一般用琼脂糖凝胶电泳鉴定时，超螺旋形移动速率最快，其次为线性分子，最慢的是开环状分子。

## 三、实验器材和试剂

1. 器材

高速冷冻离心机、漩涡振荡仪、水浴锅、微量移液器、微波炉、电泳仪、制冰机、高压灭菌锅、凝胶成像系统、枪头（灭菌备用）、离心管（灭菌备）等。

2. 试剂

（1）菌种：大肠杆菌pBR 322。

（2）提取质粒的三种溶液：

溶液Ⅰ：50 mmol/L 葡萄糖、25 mmol/L Tris-HCl（pH 8.0）、10 mmol/L EDTA。

溶液Ⅱ：0.4 mol/L NaOH，2%SDS，用前等体积混合。

溶液Ⅲ：3 mol/L 乙酸钾 pH 4.8的溶液。5 mol/L 乙酸钾 60 mL。冰醋酸 11.5 mL。重蒸水 28.5 mL。

（3）酚/氯仿试剂：

$V$（酚）∶$V$（氯仿，含1/24异戊醇）=1∶1。

(4)LB 培养基：蛋白胨 10 g、酵母浸出粉 5 g、NaCl 10 g。

溶解在 1 L 水中，调 pH 至 7.2。

(5)TE 缓冲液：

10 mmol/L Tris · HCl(pH 7.4～8.0)。

1 mmol/L EDTA(pH 8.0)。

(6)氨苄抗生素(Amp)：使用浓度为 50～100 μg/mL。

(7)10 mg/mL 核糖核酸酶 A(RNase A)：

称取 10 mg RNase A，于灭菌的 Eppendorf 管内，加 1 mL 100 mmol/L pH 5.0 的乙酸钠溶液(完全溶解)，即为 10 mg/mL RNase。为了破坏脱氧核糖核酸酶，置 80 ℃水浴中 15 min，然后－20 ℃保存。

## 四、实验步骤

二维码 4-3　质粒 DNA 提取、纯化及验证

1. 实验前准备

配制 LB 培养液，并添加 1%葡萄糖，115 ℃灭菌 30 min，分别分装于 250 mL 锥形瓶中20 mL，300 mL 锥形瓶中 50 mL，同时配制固体培养基用于活化菌株。

2. 质粒提取

碱变性法提取质粒 DNA 一般包括 3 个步骤：培养细菌细胞以扩增质粒，收集和裂解细胞，分离和纯化质粒 DNA。

质粒提取操作步骤。

(1)接种含 pBR 322 的菌种于 3 mL LB(含 Amp)，37 ℃振荡培养过夜。

(2)取 1.5 mL 培养液倒入 Eppendorf 管中，4 ℃，8 000 r/min，离心 5 min。

(3)弃上清液，使细胞沉淀尽可能干燥。

(4)将菌体(沉淀)悬浮于 100 μL 溶液Ⅰ中，用漩涡振荡仪振荡 1 min，置冰浴 10 min。

(5)加 200 μL 溶液Ⅱ，盖紧管口，快速来回颠倒 3 次，使内容物充分混合，不要振荡，将 Eppendorf 管置冰浴 3 min。

(6)加 150 μL 溶液Ⅲ(冰上预冷)，盖紧管口，颠倒数次并轻轻振荡使混匀，冰浴 5 min。

(7)4 ℃，12 000 r/min 离心 5 min，将上清液移入另一 Eppendorf 管中。加 RNase A 至终浓度为 20 μg/mL，37 ℃保温 30 min。

(8)向上清液中加入等体积酚/氯仿(1∶1)，用漩涡振荡仪振荡 1～2 min，4 ℃ 10 000 r/min 离心 2 min，将上清液移入另一 Eppendorf 管中。

(9)加等体积酚/氯仿，重复上面的操作。

(10)加 1/10 体积的 2.5 mol/L 乙酸钠，再加 2 倍体积的乙醇，混匀后室温放置 5 min，4 ℃，12 000 r/min 离心 15 min，弃上清，将 Eppendorf 管倒扣在吸水纸上，吸干液体。

(11)加 1 mL 70%乙醇振荡漂洗沉淀，4 ℃，12 000 r/min 离心 2 min，弃上清液。

(12)将管倒扣在吸水纸上使乙醇流尽，真空抽干乙醇或空气中干燥。

(13)加 10 μL TE 缓冲液，－20 ℃保存。

3. 质粒检测(0.9%琼脂糖凝胶电泳)

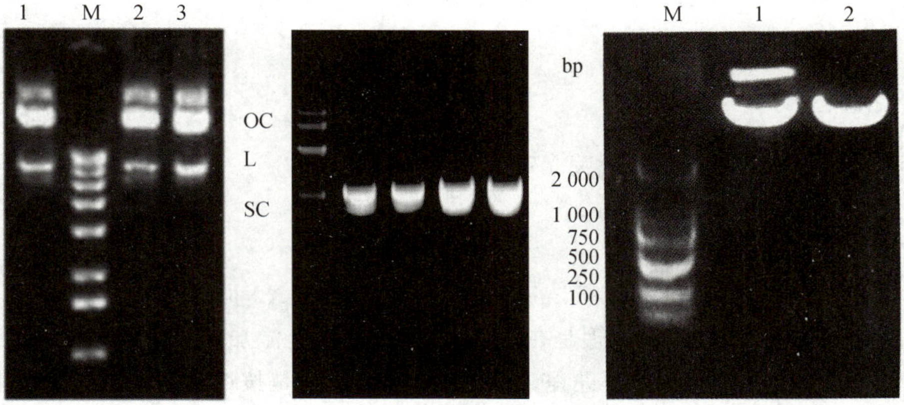


图 4-5 质粒电泳图谱

## 五、注意事项

1. 提取过程应尽量在低温环境中进行。

2. 加入溶液Ⅱ后不要剧烈振荡,加入溶液Ⅲ后,复性时间不宜过长。

3. 若提取的质粒 DNA 不能被限制性内切酶切割,可通过酚/氯仿再次抽提除杂质来解决。

## 六、思考题

1. 碱变法提取质粒 DNA 时,分别用溶液Ⅰ、溶液Ⅱ和溶液Ⅲ处理的目的是什么?其加入的次序能否颠倒,为什么?

2. 提取的质粒琼脂糖凝胶电泳可能有几条条带?分别是什么状态的质粒?

# 实验 7　荧光定量 PCR 技术

## 一、实验目的

了解荧光定量 PCR 原理，掌握荧光定量 PCR 技术。

## 二、实验原理

实时荧光定量 PCR 技术(Real-Time PCR，荧光定量)是 20 世纪 90 年代由美国 Applied Biosystems 公司推出的，其基本原理是在常规 PCR 的基础上添加荧光染料或荧光探针，利用荧光信号积累实时监测整个 PCR 进程。理论上，PCR 过程是按照 $2^n$($n$ 代表 PCR 循环的次数)指数的方式进行模板的扩增的，但在实际的 PCR 反应进行过程中，体系中各成分的消耗(主要是由于聚合酶活力的衰减)，使得靶序列按线性的方式增长，进入平台期，该平台效应使得同样的初始模板量不能获得同样的终点观测指标。与常规 PCR 相比，最大的优势就是可以实现对 PCR 反应中的初始模板进行定量，克服了 PCR 的平台效应，使定量更灵敏(灵敏度可达单拷贝)、更精确和特异(可以进行单个核苷酸的区分)，目前已广泛应用于分子生物学研究领域、医学研究领域以及核酸药物的药物评价等。

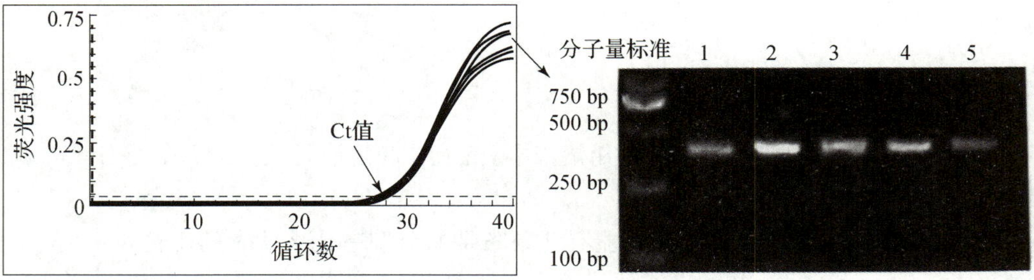


**图 4-6　实时荧光定量 PCR 和常规 PCR 在核酸定量中的区别**

配制 5 管相同的 PCR 反应体系 1～5 号，进行实时荧光定量 PCR 反应，结束后取 PCR 产物进行琼脂糖跑胶鉴定。实时荧光定量 PCR(左图)：随着循环数的增多，荧光量在跨越阈值线时的交叉点为循环阈值(Ct)，该值反映样品的初始量，同样的样品多孔重复，实时荧光定量 PCR 根据样品初始模板量进行定量，给出的 Ct 值是一样的。琼脂糖对 PCR 产物鉴定(右图)：PCR 结束后根据终点产物进行检测，相同的样品经琼脂糖凝胶定量后亮度不同。因此，实时荧光定量 PCR 针对初始量定量较普通 PCR 针对终产物定量更准确、灵敏。

1. SYBR Green Ⅰ *方法*

SYBR Green Ⅰ是目前最为常用的荧光染料，其作用原理为：SYBR Green Ⅰ是一种只与双链 DNA 小沟结合的染料，并不与单链 DNA 链结合，而且在游离状态不发出荧光，只有掺入 DNA 双链中才可发光，因此，在 PCR 体系中，随着特异性 PCR 产物的指数扩增，每个循环的延伸阶段，染料掺入双链 DNA 中，其荧光信号强度与 PCR 产物的数量呈正相关(图 4-7)。基于 SYBR Green Ⅰ染料法的荧光定量 PCR 的最大优点是通用性强，适用于所有的荧光定量 PCR 反应，同时，其缺点也在于其非特异性。当 PCR 反应中有引物二聚体或者非特异性扩增时，该染料也可以和这些非特异性扩增产物结合，发出荧光，从而干扰对特异性产物的准确定量。但是通过对 PCR 产物的熔解曲线进行分析，使非特异性扩增的问题得以解决，从而保证荧光信号的特异性。Tm 值为 DNA 解链一半时的温度，不同的双链 DNA 由于其碱基组成不同，长度不同，因此 Tm 值也不同，据此可以判断是否获得同一 PCR 产物（图 4-8），当非特异峰 Tm＞特异峰 Tm 时，一般为非特异扩增，当非特异峰 Tm＜特异峰 Tm，或者在 72 ℃左右时，一般为引物二聚体，当然最后要依据琼脂糖电泳的结果进行验证。

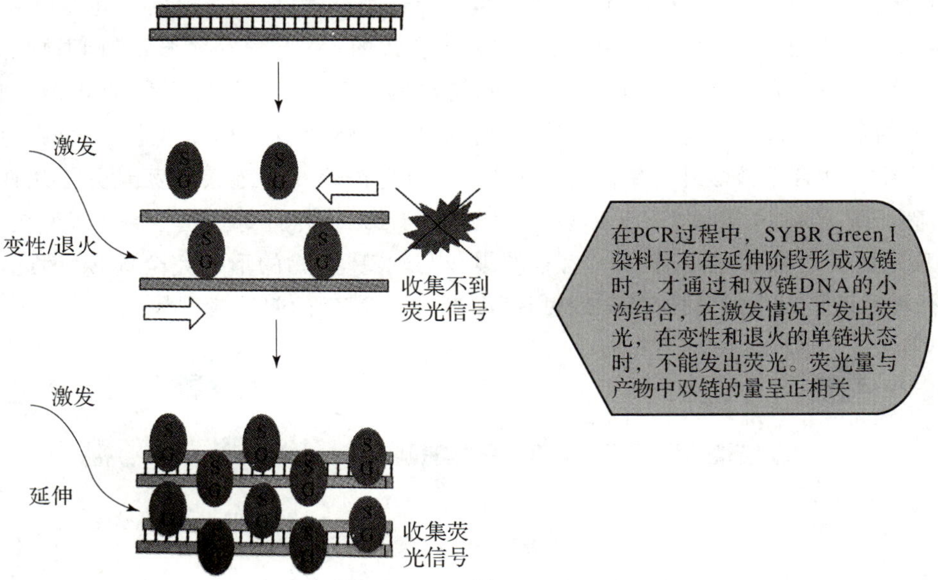


**图 4-7　SYBR Green I 染料工作原理**

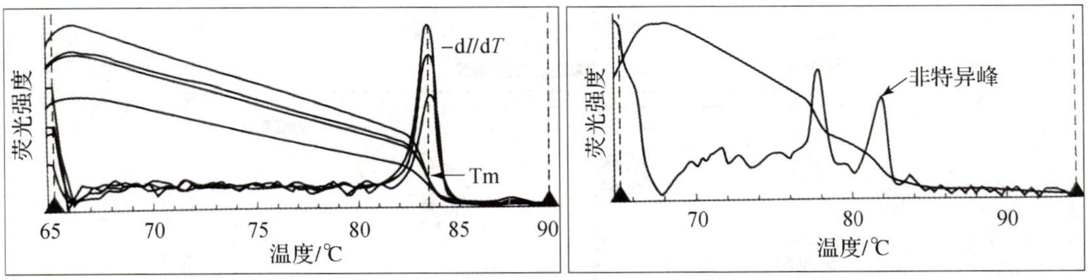


**图 4-8　根据熔解曲线分析基于染料法扩增获得荧光信号的特异性**

结合有染料的双链 DNA 随温度的升高逐步解链后不再结合染料，因此，荧光强度（纵坐标）随温度（横坐标）的升高而减弱。将温度与荧光强度的变化求导（$-dI/dT$），即得 Tm 值，对应图中的熔解曲线峰图。左图表明产物的特异性，右图熔解曲线分析出现非特异峰，说明有引物二聚体或者非特异扩增，导致定量不准确。

2. TaqMan 探针法

TagMan 探针法较 SYBRGreen I 染料法的巨大优势在于其特异性，可以满足单个核苷酸突变的分析，目前也被广泛采用。该方法的设计基于一个基础概念：荧光共振能量转（fluorescence resonance energy transfer，FRET），即一对适合的荧光物质分别作为能量供体（donor）和能量受体（acceptor），其中供体的发射光谱与受体的吸收光谱重叠，当它们的空间距离≤10 nm 时，供体受到激发后产生的荧光能量可以被受体吸收，使得供体发射的荧光强度衰减而受体荧光分子的荧光强度增强。能量传递的效率和供体的发射光谱与受体的吸收光谱的重叠程度、供体与受体的跃迁偶极的相对取向、供体与受体之间的距离等有关。定量 PCR 所涉及的荧光探针和荧光引物的检测与 FRET 原理密切相关。目前，根据 TaqMan 探针 3′端标记的荧光淬灭基团的不同分为两种：常规 TaqMan 探针和 TaqMan MGB 探针。

(1)常规 TaqMan 探针 20 世纪 90 年代，美国 Perkin Elmer(PE)公司开发出了 TaqMan 荧光探针定量技术，TaqMan 探针的结构为：5′端标记有报告荧光基团(Reporter，R)，如 FAM(6-羧基荧光素)、VIC 等；3′端标记有荧光淬灭基团(Quencher，Q)，通常为 TAMRA(6-羧基四甲基若丹明)(图 4-9)。基于水解探针的原理，当探针完整时，R 所发射的荧光能量被 Q 基吸收，不会检测到荧光，但当 R 与 Q 分开时，如利用合适的 DNA 的 5′-3 核酸外切酶(常用 Taq 酶)活性，特异性地切割探针 5′端的荧光基团，游离的 R 基团远离 Q 基团，打破能量传递，因此，R 基团的荧光可以被荧光检测系统检测到。因此，当溶液中有 PCR 模板时，该探针与模板退火，即产生了适合于核酸外切酶活性的底物，从而将探针 5′端连接的荧光分子从探针上切割下来，破坏两荧光分子间的 FRET，发出荧光(图 4-10)。并且每扩增一条 DNA 链，就对应有一个 R 基团荧光信号，保证了荧光信号的累积与 PCR 产物的形成完全同步，因此，对荧光信号进行检测就可以实时监控 PCR 的过程，准确定量 PCR 的起始拷贝数。

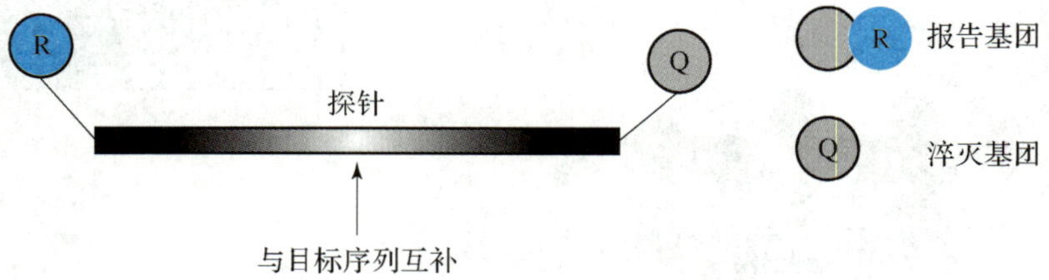


图 4-9 TaqMan 水解型杂交探针的结构

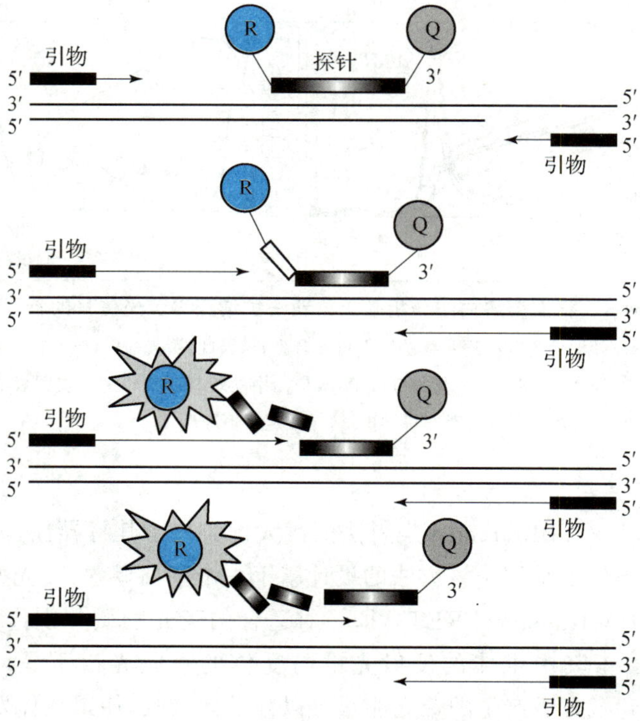


图 4-10 TaqMan 探针的工作原理模式图

探针保持完整状态时，R 所发射的荧光能量被 Q 基团吸收，不会检测到荧光。在 PCR 延伸的过程中，探针被 5′-3′核酸外切酶特异性地切割并释放 5′端的荧光基团，发出荧光信号，荧光量与产物中双链的量呈正相关

常规 TaqMan 探针在使用中的问题在于荧光本底偏高，这是因为实际上探针设计时在保证 Tm 较高的情况下具有较长的碱基数，使得两端基团距离较远，会导致荧光淬灭不彻底，而且淬灭基团也会产生不同波长的荧光，都会使得本底偏高。

(2) TaqMan MGB 探针

针对常规 TaqMan 探针荧光淬灭不彻底等造成的本底荧光值较高的问题，2000 年美国 Applied Biosystems 公司开发了一种新的 TaqMan 探针——MGB(minor groove binder oligo deoxynucleotide conjugate，MGB-ODN)探针。这种荧光探针与常规 TaqMan 探针相比有两个主要的不同：一是探针 3′端标记了自身不发光的猝灭荧光分子，以取代常规可发光的 TAMRA 荧光标记，这使荧光本底降低，荧光光谱分辨率得以大大改善；二是探针 3′端另结合了 MGB(minor groove binder)结合物，使得较短的探针可以获得较高的 Tm 值，大大增加了探针的杂交稳定性，使结果更精确，分辨率更高。鉴于 TaqMan MGB 探针的上述优势，现在多用于一些较为特殊和复杂的实时荧光定量 PCR 实验，如区分仅有单个核苷酸差异的等位基因的表达水平，微小 RNA(microRNA)定量检测等。

MGB 探针的缺点在于探针设计有一定的难度，一般需要委托专业的公司进行设计并验证效果，探针的合成和双荧光标记成本较高。

综合比较以 SYBRGreen I 为代表的染料法和以 TaqMan 为代表的探针法，在实时荧光定量 PCR 的适用过程中各有优劣。前者的优势在于：对 DNA 模板没有选择性，适用于任何 DNA，使用方便，不必设计复杂的探针，引物设计相对容易，比较灵敏，价格便宜。缺点为容易与非特异性双链 DNA 结合，产生假阳性。但可以通过熔解曲线的分析，优化反应条件，前提是对引物特异性要求较高。后者的优势在于：一旦有合适的引物和探针后灵敏度较高，对目标序列具有高特异性，可分辨单个碱基的突变，重复性比较好。缺点在于每次探针和引物的设计只适合一个特定的目标，而且大多需要委托公司进行设计和标记，价格相对较高，并且并不是针对每条靶基因均能找到本底较低的探针。

荧光定量 PCR 基本原理是在 PCR 反应体系中加入荧光基团，在 PCR 反应过程中连续不断地检测反应体系中荧光信号的变化，当信号增强到某一阈值，此时的循环次数即循环阈值 Ct(cycle threshold，Ct)被记录下来。

该循环参数 Ct 和 PCR 体系中起始模板数的对数之间有严格的线性关系，利用不同梯度的阳性定量标准模板扩增的 Ct 值和该阳性定量标准的模板数经过对数拟合作图，制成标准曲线。

## 三、实验器材和试剂

1. 试剂

(1)材料：标准 DNA 模板，现有商品化的混合液(各 2 mmol/L)供应、样品 DNA。

(2)SYBR I 荧光染料：

(3)上游引物及下游引物：上游引物及下游引物浓度 20 μmol/L。

(4)dNTP 混合液：dNTP 混合液将 dATP、dGTP、dCTP 和 dTTP 钠盐各 100 mg 合并，加去离子水 2 mL 溶解，用 0.1 mol/L NaOH 调节 pH 至 7.0～7.5，使其浓度为 5 mmol/L，分装后 −20 ℃保存。

(5)Taq DNA 聚合酶：Taq DNA 聚合酶 5 U/μL，使用时其在 50 μL 反应体积终浓度为 1～2.5 U。

(6)10×PCR 反应缓冲液：PCR 反应缓冲液(10×)500 mmol/L KCl，100 mmol/L Tris-HCl(pH 8.4)，15 mmol/L $MgCl_2$。

(7)灭菌水。

2. 器材

荧光定量 PCR 仪、紫外分光光度计、微量移液器、艾本德(Eppendorf)管(灭菌)等。

## 四、实验步骤(染料法)

二维码 4-4 荧光定量 PCR 技术

荧光定量 PCR 的基本过程可分为如下几步：

1. 定量标准品的制备

(1)取一支 Eppendorf 管加入标准 DNA 模板 1 μg、特异性上游引物及下游引物各 2 μL、10×PCR 反应缓冲液 5 μL、Taq DNA 聚合酶 5 U，灭菌水补足 50 μL，瞬时混匀。

(2)在 PCR 仪上进行扩增反应：95 ℃变性 30 s，55 ℃退火 30 s，72 ℃延伸 1 min，30 个循环。

(3)将 PCR 产物纯化、测序验证，测定 OD 值，根据分子质量，换算出每毫升拷贝数，贮存备用。

2. 制作定量标准曲线

(1)将定量标准品分别稀释 101、102、104、106、108 倍，分别取稀释标准品 5 μL，按上面的方法加入 PCR 反应试剂，另外再加入 SYBR Green I 荧光染料 2 μL，总体积 50 μL。

(2)分别按上述 PCR 反应条件在荧光定量 PCR 仪上进行 PCR 反应，由计算机自动生成定量标准曲线。

3. 样品测定

(1)在 Eppendorf 管中加入样品 DNA 5 μL，上游引物及下游引物各 2 μL，10×PCR 反应缓冲液 5 μL，Taq DNA 聚合酶 5 U，SYBR Green I 荧光染料 2 μL，灭菌水补足 50 μL，混匀。

按上述 PCR 反应条件在荧光定量 PCR 仪上进行扩增反应。

(2)根据样品测定的结果，结合定量标准曲线，由计算机计算样品中的拷贝数。

## 五、注意事项

(1)严格优化 PCR 扩增反应的实验试剂与条件。

(2)模板的制备，注意避免 DNA 的降解，并尽量纯化 DNA 使其不含任何蛋白酶、核酸酶、Taq DNA 聚合酶抑制剂以及能与 DNA 结合的蛋白质。

(3)为保证 PCR 特异性扩增，引物的设计应符合以下原则：引物长度以 15～30 个碱基为宜，上下游引物的长度差别不能大于 3 个。

(4)(G+C)含量应在 40%～60%，4 种碱基要在引物中分配均匀；引物自身不应存在互补序列，不能有大于 3 bp 的反向重复序列，否则引物自身会折叠形成发夹结构。上下游引物之间不应有多于 4 个的互补或同源碱基，尤应避免 3′端的互补重叠，以防形成引物二聚体。

(5)引物的 3′端不能进行任何修饰，也不能有形成任何二级结构的可能，3′端碱基尽量不选用 T。

(6)引物的 5′端可以进行修饰,加上一些有用而又不与靶 DNA 互补的序列计算出来的 2 个引物的解链温度相差不能大于 5 ℃。

(7)引物浓度:应先通过预实验确定最适浓度,浓度范围一般为 0.2～1.0 μmol/L。

(8)循环参数:PCR 中控制温度是关系到实验成败的重要环节。退火的温度及时间依赖于引物的长度、浓度以及碱基组成中(G+C)含量,一般来说,退火温度为引物的解链温度减去 5 ℃。

延伸温度要根据 Taq DNA 聚合酶的最适作用温度而定,通常在 70～75 ℃,延伸时间则依据扩增片段的长度而定。

(9)PCR 缓冲液 $Mg^{2+}$ 的浓度对 PCR 产物的特异性及产量有明显影响,各种单核苷酸浓度为 200 μmol/L,$Mg^{2+}$ 为 1.5 mmol/L 时较合适。

另外,不同厂家的 Taq DNA 聚合酶的缓冲液成分也不相同,使用时应注意是否配套。

(10)为避免非特异性扩增,可以采用 Taq DNA 聚合酶的“热启动法”。

(11)设置对照实验。为确保结果的可肯定性,应设置阳性对照及阴性对照或空白对照。

## 六、思考题

1. 荧光定量 PCR 可以采用染料法和探针法。染料法和探针法之间有什么区别?
2. 荧光定量 PCR 比普通 PCR 有什么优势?

# CHAPTER 5 第五章 综合及设计性实验

## 实验 1　血清球蛋白（IgG）的分离、纯化及相对分子量的鉴定

### 实验 1-1　蛋白质的盐析与透析-血清 IgG 分离与脱盐

#### 一、实验目的

1. 掌握蛋白质盐析原理和方法。
2. 掌握蛋白质透析、凝胶过滤层析脱盐的原理和方法。

#### 二、实验原理

IgG 是免疫球蛋白(Immunoglobulin,IgG)的主要成分之一，分子量为 15 万～16 万，沉降系数约为 7 s。IgG 是动物和人体血浆的重要成分之一。血浆蛋白质的成分多达 70 余种，要从血浆中分离出 IgG，首先要尽可能除去其他蛋白质成分的粗分离程序，使 IgG 在样品中比例大为增高，然后再纯化而获得 IgG。

盐析法是粗分离蛋白质的重要方法之一。许多蛋白质在纯水或低盐溶液中溶解度较低，若稍加一些无机盐则溶解度增加，这种现象称为“盐溶”(Salting in)。而当盐浓度继续增加到某一浓度时，蛋白质又变得不溶而自动析出，这种现象称为“盐析”(Salting out)。这些现象的原理大致是由于蛋白质是亲水胶体，带有羧基解离的负电荷或氨基解离的正电荷，其极性基团使分子间相互斥，同时与水分子形成水膜，这些因素保证蛋白质形成溶于水的溶胶状态。当加入少量盐时，增多了蛋白质分子上的极性基团，因而增大了蛋白质在水中溶解度，出现“盐溶”现象。但当盐浓度增加到一定浓度时，一方面大量的水同盐分子结合，使得蛋白质没有足够的水维持溶解状态，破坏了维持蛋白质亲水胶的水膜，容易沉淀出来；另一方面加入的盐离子中

和了蛋白质分子周围的离子，使得蛋白质相互碰撞时相互聚集沉淀出来，这样就出现了“盐析”现象。由于各种蛋白质“盐析”出来所需的盐浓度不同，盐析所需的最小盐浓度称作盐析浓度。盐析法就是通过控制盐的浓度，使蛋白质混合溶液中的各个成分分步“盐析”出来，达到分离蛋白质的目的。

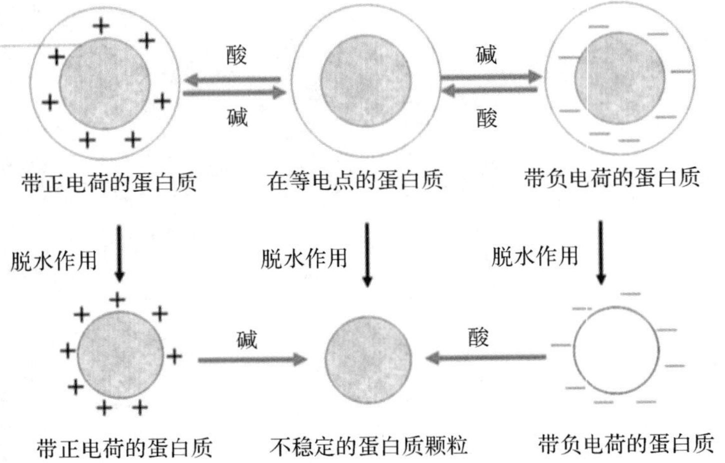


1878 年 Hammarster 首次用硫酸镁成功地将血清蛋白分成为清蛋白、球蛋白两部分，自那以后曾使用过硫酸钠、氯化钠、磷酸钠和硫酸铵等中性盐来盐析蛋白质，其中运用最广的是硫酸铵。因为硫酸铵有许多其他盐所不具备的优点，如在水中化学性质稳定，溶解度大，25 ℃时能达到 4.1 mol/L 的浓度，溶解度随温度变化系数较小，在 0～30 ℃范围内溶解度变化不大，如 25 ℃时饱和溶解度为 4.12 mol/L，即 767 g/L，0 ℃时饱和溶解度为 3.9 mol/L，即 676 g/L；而且硫酸铵价廉易得，分段效果比其他盐好，性质温和，即使浓度很高时也不会影响蛋白质的生物学活性。因此，现在所指的盐析法实际上多为硫酸铵盐析法。

用硫酸铵分级盐析蛋白质时，盐析某种蛋白质成分所需的硫酸铵浓度一般以饱和度表示。实际工作中将饱和硫酸铵溶液的饱和度定为 100％或 1。盐析某种蛋白质成分所需的硫酸铵数量折算成 100％或 1 饱和度的百分之几，即为该蛋白盐析的饱和度。饱和度可以根据情况用下述两种方法计算。

1. 饱和硫酸铵溶液法

在蛋白质溶液的总体积不大，要求达到饱和度在 50％以下时，可选用此方法。在已知盐析某蛋白质各成分所要达到饱和度时，可按下列公式计算出应加入饱和硫酸铵溶液的数量：

$$V=V_0\frac{C_2-C_1}{1\ 000\%-C_2}\quad 或者\quad V=V_0\frac{C_2-C_1}{1-C_2}$$

式中：$V$ 为应加入饱和硫酸铵溶液的体积；$V_0$ 为蛋白质溶液的原始体积；$C_2$ 为所要达到硫酸铵饱和度；$C_1$ 为原来硫酸铵溶液的饱和度。

将计算所得体积的饱和硫酸铵溶液加入混合蛋白质溶液中，即可达到盐析的目的。严格来说，混合两种不同溶液时，混合后的总体积并不等于混合前两种溶液体积之和，而上式中是按相等计算的，所以会产生误差。但实验证明所造成的误差一般小于 20％，故可忽略不计。

2. 固体硫酸铵法

所需达到的饱和度较高，而蛋白质溶液的体积又不能再过分大时，采用直接加入固体硫酸铵的方法。欲达到某到饱和度可按下列公式计算出应加入固体硫酸铵的数量：

$$X=\frac{G(c_2-c_1)}{100\%-Ac_2} \quad 或者 \quad X=\frac{G(c_2-c_1)}{1-Ac_2}$$

式中：$X$ 是将 1 L 饱和度为 $c_1$ 溶液提高到饱和度为 $c_2$ 时需要加入固体硫酸铵的质量(g)；$G$ 和 $A$ 为常数，数值与温度有关。

目前已将达到各种饱和度所需固体硫酸铵的数量列成表，使用时不需计算可直接从表中查出。市售固体硫酸铵中一般残留有硫酸，所以制备的饱和硫酸铵溶液的 pH 常在 4.5～5.5 之间，作用之前应该用氢氧化铵调节，使其 pH 为 7。用固体硫酸铵盐析时，蛋白质应溶解于具有一定缓冲能力的溶液中，并且在加入的硫酸铵中还含有一些重金属离子，用量大时易使蛋白质变性，在这种情况下可加入一些 EDTA 等螯合剂以螯合这些金属离子。

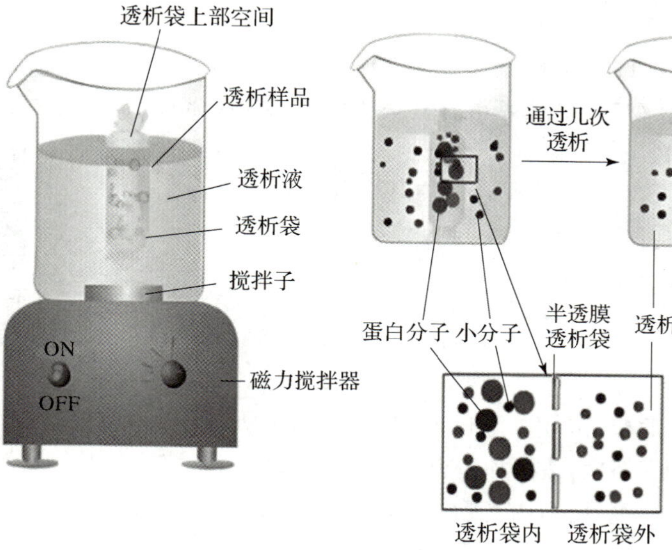


图 5-1 透析装置及过程示意图

硫酸铵盐析法可使蛋白质的纯度提高约 5 倍，而且可以除去 DNA、RNA 等，但盐析后的蛋白质中仍含有一些杂蛋白，所以盐析产生的产品为粗分离产品，需要进一步纯化。

盐析所得的蛋白质中含有大量硫酸铵，将影响后续纯化，在纯化之前需要“脱盐”。“脱盐”有凝胶层析法和透析法，本次实验将采用透析法，凝胶层析法的原理和实验方法见本章实验 1-2。

透析法是利用小分子物质在溶液中可通过半透膜，而大分子物质不能通过半透膜的性质，达到分离的方法。

透析袋的原理：透析是指溶质从半透膜的一侧透过膜至另一侧的过程，任何天然的(如腹膜)或人造的半透膜，只要该膜含有使一定大小的溶质通过的孔径，那么这些溶质就可以通过弥散和对流从膜的一侧移动到膜的另一侧。人体内的毒物包括代谢产物、药物、外源性毒物，只要其原子量或分子量大小合适，就能够通过透析清除到体外，其基本原理是弥散和对流。弥散就是半透膜两侧液体各自所含溶质浓度梯度及它所形成的不同渗透浓度，溶质从浓度高的一侧通过半透膜向浓度低的一侧移动。对流也称超滤，是指溶质和溶剂因透析膜两侧的静水压和渗透压梯度的不同而跨膜转运的过程。

## 三、实验器材和试剂

1. 器材

离心机、离心管、磁力搅拌器、透析袋、烧杯、移液器等。

2. 试剂

(1)饱和硫酸铵溶液:取化学纯$(NH_4)_2SO_4$ 800 g,加蒸馏水 1 000 mL,不断搅拌下加热至50～60 ℃,并保持数分钟,趁热过滤,滤液在室温中过夜,有结晶析出,即达到 100%饱和度,使用时用浓 $NH_4OH$ 调至 pH 7.0。

(2)0.01 mol/L,pH 7.0 磷酸盐缓冲溶液:取 0.2 mol/L $Na_2HPO_4$ 溶液 61.0 mL,0.2 mol/L $NaH_2PO_4$ 溶液 39.0 mL,混合,用酸度计测 pH 应为 7.0,取该混合液 50 mL,加入7.5 g NaCl,用蒸馏水定容至 1 000 mL。

(3)0.017 5 mol/L,pH 7.0,磷酸盐缓冲溶液:取 0.2 mol/L $Na_2HPO_4$ 溶液 43.5 mL 与0.2 mol/L $NaH_2PO_4$ 溶液 56.5 mL 相混合,用酸度计测 pH 应为 6.7。取该混合液 87.5 mL,用蒸馏水稀释至 1 000 mL。

(4)1%氯化钡溶液。

(5)10%NaOH 溶液。

(6)1% $CuSO_4$ 溶液。

二维码 5-1 蛋白质的盐析与透析-血清IgG 分离与脱盐

## 四、实验操作

1. 取 1 支离心管,加入 5 mL 血清和 5 mL 0.01 mol/L,pH 7.0 磷酸盐缓冲液,混匀。用胶头滴管吸取饱和硫酸铵溶液,边滴加边搅拌于血清溶液中,使溶液的最终饱和度为 20%(应加入饱和硫酸铵溶液多少毫升?),用滴管边加边搅拌,是为防止饱和硫酸铵一次性加入或搅拌不均匀造成局部过饱和的现象,使盐析达不到预期的饱和度,得不到目的蛋白质。搅拌时不要过急以免产生过多泡沫,致使蛋白质变性。加完后放置 4 ℃ 15 min,使之充分盐析(蛋白质样品量大时,应放置过夜)。然后以 3 000 r/min,离心 10 min,弃去沉淀(沉淀为纤维蛋白原),在上清液中为清蛋白、球蛋白。

2. 量取上清液的体积,置于另一离心管中,用滴管继续在上清液中滴加饱和硫酸铵溶液,使溶液的饱和度达到 50%(应加饱和硫酸铵溶液多少毫升?),放置 4 ℃ 15 min,以 3 000 r/min 离心 10 min,清蛋白在上清液中,沉淀为球蛋白,弃去上清液,留沉淀部分。

3. 将所得的沉淀再溶于 3 mL 0.01 mol/L,pH 7.0 磷酸盐缓冲液中。滴加饱和硫酸铵溶液,使溶液的饱和度达 35%(应加入饱和硫酸铵溶液多少毫升?)。加完后 4 ℃放置 20 min,以3 000 r/min 离心 15 min,α、β 球蛋白在上清液中,沉淀为 IgG。弃去上清液,即获得粗制的IgG 沉淀。

为更好地纯化,操作步骤 3 可重复操作 1～2 次。将获得的粗 IgG 沉淀溶解于 2 mL 0.017 5 mol/L,pH 6.7 磷酸盐缓冲液中备用。

4. 透析。

(1)将处理后的透析袋剪成 15 cm 左右的小段,一端用棉线扎紧,从另一端将粗制的血清IgG 转移到透析袋中,将此端也用棉线扎紧。

(2)将透析袋放入盛有蒸馏水的水杯中,用磁力搅拌器匀速搅拌。

(3)每隔几分钟借助黑瓷板,用氯化钡检测烧杯水中硫酸铵的存在,在透析过程中要经常更换水杯中蒸馏水,维持透析袋两侧的渗透压差,透析速度更快。

(4) 烧杯蒸馏水中检测不到硫酸铵后,然后取三支试管,1 号管加入饱和硫酸铵 10 滴,2 号管加入透析袋外液 10 滴,3 号管加入透析袋内液 10 滴,三个试管中再各加 20% NaOH 溶液 10 滴,摇匀,最后再分别加入 0.1% $CuSO_4$ 溶液 3～5 滴,混匀,有紫红色物质生成,表示有蛋白质存在。

(5)将透析过的 IgG 收集到干净的离心管中,冷藏保存备用。

## 五、注意事项

蛋白质溶液用透析法去盐时,正负离子透过半透膜的速度不同,以 $(NH_4)_2SO_4$ 为例,$NH_4^+$ 的透出较快,在透析过程中膜内 $SO_4^{2-}$ 剩余而生成 $H_2SO_4$,致使膜内蛋白质溶液呈酸性,足以达到使蛋白质变性的酸度,因此用盐析法纯化蛋白质透析去盐时,开始应用 0.1 mol/L 的 $NH_4OH$ 透析。

## 六、思考题

1. 透析时怎样才能尽量达到去除盐类并防止蛋白质变性的目的?
2. 透析时可否维持蛋白质溶液体积不变?

# 实验 1-2　盐析产品(IgG)凝胶层析法脱盐

## 一、实验目的

学习并掌握凝胶过滤层析原理、操作及注意事项等。

## 二、实验原理

凡盐析所获得的粗制蛋白质(实验 1-1 的 IgG)中均含有硫酸铵等盐类,这些将影响以后的纯化,所以纯化前均应除去,此过程称为“脱盐”(desalting)。脱盐常用透析法(本章实验 1-1 已做)和凝胶过滤法,这两种方法各有利弊。前者的优点是透析后样品终体积较小,但所需时间较长,且盐不易除尽;凝胶过滤法则能将盐除尽,所需时间也较短,但其凝胶过滤后样品终体积较大。所以,要根据具体情况选择使用。本章实验 1-1 中样品体积较小,凝胶过滤后样品体积不会太增加,所以也可选用凝胶过滤法。

## 三、实验器材和试剂

1. 器材

1.5 cm×20 cm 层析柱、恒流泵、移液器、烧杯、黑白瓷板等。

2. 试剂

(1)材料来源本章实验 1-1 粗提 IgG 样品。

(2)Sephadex G-25。

(3)0.017 5 mol/L,pH 6.7 磷酸盐缓冲液。

(4)1%氯化钡。

(5)20%磺基水杨酸溶液。

## 四、实验步骤

1. 装柱。取层析柱 1 支(1.5 cm×20 cm),垂直固定在支架上,关闭下端出口。将已胀好的 Sephadex G-25 中的水倾倒出去,加入 2 倍体积的 0.017 5 mol/L,pH 6.7 缓冲液,并搅拌成悬浮液,然后灌注入柱,打开柱的下端出口,继续加入 Sephadex G-25,使凝胶自然沉降高度到17 cm 左右,关闭出口。待凝胶柱形成后,洗脱瓶中加入 0.017 5 mol/L,pH 6.7 磷酸盐缓冲液以 3 倍柱体积的磷酸盐缓冲液流过凝胶柱,以平衡凝胶。

2. 凝胶平衡后,用皮头滴管除去凝胶柱面的溶液,将盐析所得全部 IgG 样品加入凝胶柱表面,打开柱下口,控制流速让 IgG 样品溶液慢慢浸入凝胶内。凝胶柱表面加入一层 0.017 5 mol/L,pH 6.7 磷酸盐缓冲液,并用此缓冲液洗脱,控制流速为 0.5 mL/min 左右。用试管收集洗脱液,每管 10 滴。

3. 在开始收集洗脱液的同时检查蛋白质是否已经开始流出。为此,从每支收集管取出 1 滴溶液置于黑色比色磁盘中,加入 1 滴 20%磺基水杨酸,若呈现白色絮状证明已有蛋白质出现,直到检查不出白色沉淀时,停止收集洗脱液。

4. 由经检查含有蛋白质的每管中,取 1 滴溶液,放置在黑色比色盘孔中,加氯化钡溶液一滴，若呈现白色沉淀说明它含有硫酸铵。合并检查后不含硫酸铵的各收集管即为“脱盐”后的 IgG。

经脱盐处理后的 IgG 需进一步纯化，纯化方法很多，可选用阴离子交换层析法（见本章实验 1-3）。

## 五、注意事项

1. 预装柱及试剂，使用前需充分恢复室温。
2. 层析过程中流速恒定，且避免过快、停顿和断流。
3. 凝胶过滤填料多为葡聚糖，容易滋生细菌，使用完毕后尽快保存，必要时可以添加 0.02% $NaN_3$ 防腐。

# 实验 1-3　蛋白质的纯化-离子交换法

## 一、实验目的

掌握离子交换法纯化 IgG 的原理和方法。

## 二、实验原理

DEAE-纤维素是一种阴离子交换剂，溶液中带负电荷的离子可以与其结合，带正电荷的离子则不能与其结合。蛋白质是两性电解质，在 pH 6.5 时血清蛋白（等电点为 4.9）、α-球蛋白（等电点小于 6.0）、β-球蛋白（等电点小于 6.0）都带负电荷，能与带正电荷的 DEAE-纤维素结合，而 IgG（等电点为 pH 7.3）带正电荷，不与 DEAE-纤维素结合，因而在溶液中只留下 IgG。

## 三、实验器材和试剂

1. 器材

层析柱，烧杯，试管，胶头吸管，铁架台，黑色比色盘，酸度计等。

2. 试剂

（1）DEAE-纤维素。

（2）0.5 mol/L 盐酸：量取浓盐酸 42 mL，用蒸馏水稀释并定容至 1 000 mL。

（3）0.5 mol/L NaOH 溶液：称取氢氧化钠 20 g，用蒸馏水溶解，定容至 1 000 mL。

（4）0.3 mol/L pH 6.5 醋酸铵溶液：称取醋酸铵 23.13 g，加蒸馏水约 800 mL 溶解。用稀氨水或稀醋酸准确调节至 pH 6.5，再用蒸馏水定容至 1 000 mL。

（5）0.02 mol/L pH 6.5 醋酸缓冲液：取 0.3 mol/L 醋酸溶液 66.7 mL，用蒸馏水稀释至 1 000 mL。

（6）1 mol/L 醋酸：取 59 mL 的冰醋酸，用蒸馏水定容至 1 000 mL。

（7）1.5 mol/L 氯化钠-0.3 mol/L 醋酸缓冲液：称取氯化钠 187.7 g，用 0.3 mol/L pH 6.5 醋酸铵溶液溶解定容至 1 000 mL。

（8）20%磺基水杨酸（W/V）：称取 20 g 磺基水杨酸，用蒸馏水溶解，定容至 100 mL。

（9）葡聚糖凝胶 G25。

（10）样品来源于本章实验 1-1 或实验 1-2 脱盐后粗提的 IgG。

## 四、实验步骤

1. 称取 DEAE-纤维素 3.0 g 置于烧杯中，加 0.5 mol/L 的稀盐酸 45 mL，搅拌后放置 30 min，再加蒸馏水 250 mL，搅拌均匀。待 DEAE-纤维素大部分下沉后，弃去含有细微颗粒的上层液体，如此反复 2～3 次，再用蒸馏水洗至 pH 6.0 左右。然后加入 0.5 mol/L 的 NaOH 溶液 45 mL，搅拌后放置 30 min，弃去上层液体。再用蒸馏水洗至 pH 8.0 左右，弃去上层液体后加 0.02 mol/L pH 6.5 的醋酸铵缓冲液 200 mL，再用 1 mol/L 醋酸调节 pH 至 6.5（约用 5 mL），留待装柱。

2. 装柱

将层析柱（1.5～3 cm）垂直固定在铁架台上，关闭出液阀，用 0.02 mol/L pH 6.5 的醋酸铵缓冲液将处理好的DEAE-纤维素拌成匀浆，灌入层析柱中，直至柱床高度为7 cm左右为止，再加入0.02 mol/L pH 6.5的醋酸铵缓冲液10 mL，打开出液阀，保持流速为0.5 mL/min，进行平衡。

3. 上样

平衡完成后，关闭出液阀，用吸管轻轻吸去柱床上层的溶液。再将脱盐后的IgG蛋白溶液5 mL加于DEAE-纤维素柱上，打开出液阀，流速控制在0.5 mL/min，直至样品液全部进入柱床。

4. 洗脱

用0.02 mol/L pH 6.5的醋酸铵缓冲液洗脱，流速为0.5 mL/min，用小试管连续收集流出液(每管约15滴)，并用20%磺基水杨酸检测洗出液中是否含有蛋白质，合并含有蛋白质的各管中的溶液，其中的蛋白质就是不被吸附的IgG蛋白。

5. 浓缩

测量纯化后IgG蛋白溶液的体积，每毫升加0.15 g葡聚糖凝胶G25干胶，摇动2～3 min，3 000 r/min离心5 min，上清液即为浓缩的IgG蛋白溶液。

浓缩的IgG溶液可进一步用于IgG含量、纯度和活性的测定。

DEAE-纤维素再生与保存：

将用过的DEAE-纤维素柱先用1.5 mol/L氯化钠-0.3 mol/L醋酸铵缓冲液脱掉其中结合的蛋白质，直至流出液用20%磺基水杨酸检测转为阴性，再用0.02 mol/L pH 6.5醋酸铵缓冲液冲洗平衡。用pH试纸检测洗出液的pH为6.5，便可重复应用。

## 五、注意事项

1. 层析柱应装填均匀，不要有开裂、炸纹现象。
2. 始终保持柱面顶端1～2 mm少量的液体，否则柱床易干裂。

## 六、思考题

1. DEAE-离子交换剂法纯化血清IgG的原理是什么？
2. 还可以用哪些方法分离纯化血清IgG？

# 实验 1-4　SDS-PAGE 测定蛋白质的相对分子质量

## 一、实验目的

1. 学习 SDS-PAGE 测定蛋白质相对分子质量的原理。
2. 掌握垂直板电泳的操作方法。
3. 掌握运用 SDS-PAGE 测定蛋白质相对分子质量染色鉴定。

## 二、实验原理

SDS 是阴离子去污剂，作为变性剂和助溶试剂，它能断裂分子内和分子间的氢键，使分子去折叠，破坏蛋白分子的二、三级结构。而强还原剂如巯基乙醇，二硫苏糖醇能使半胱氨酸残基间的二硫键断裂。在样品和凝胶中加入还原剂和 SDS 后，分子被解聚成多肽链，解聚后的氨基酸侧链和 SDS 结合成蛋白- SDS 胶束，所带的负电荷大大超过了蛋白原有的电荷量，这样就消除了不同分子间的电荷差异和结构差异，只受到分子大小的影响，电泳之后不同分子量的分子就停留在不同的位置。当蛋白质的分子量在 15 000～200 000 时，蛋白质-SDS 复合物的电泳迁移率与蛋白质分子量的对数呈线性关系。

SDS-PAGE 一般采用的是不连续缓冲系统，与连续缓冲系统相比，能够有较高的分辨率。浓缩胶的作用有堆积作用，凝胶浓度较小，孔径较大，把较稀的样品加在浓缩胶上，经过大孔径凝胶的迁移作用而被浓缩至一个狭窄的区带。当样品液和浓缩胶选 Tris-HCl 缓冲液，电极液选 Tris-甘氨酸。电泳开始后，HCl 解离成氯离子，甘氨酸解离出少量的甘氨酸根离子，蛋白质带负电荷，因此一起向正极移动，其中氯离子最快，甘氨酸根离子最慢，蛋白居中。电泳开始时氯离子泳动率最大，超过蛋白，因此在后面形成低电导区，而电场强度与低电导区成反比，因而产生较高的电场强度，使蛋白和甘氨酸根离子迅速移动，形成一稳定的界面，使蛋白聚集在移动界面附近，浓缩成一中间层。

将已知分子量的标准蛋白质在 SDS-PAGE 中的电泳迁移率对分子量的对数作图，即可得到一条标准曲线。只要测得未知分子量的蛋白质在相同条件下的电泳迁移率，就能根据标准曲线求得其分子量。

$$\lg M\omega = K - bm$$

式中：$M\omega$ 为分子质量；$m$ 为迁移率；$K$ 为截距（常数）；$b$ 为斜率（常数）。

## 三、实验器材和试剂

1. 器材

垂直板型电泳槽、电泳仪、移液器、水浴锅，染色槽、烧杯等。

2. 试剂

(1)标准蛋白质液（市售）：低分子质量标准蛋白质混合物，常用的包括：兔磷酸化酶 B(*M* 97 400)、牛血清白蛋白(*M* 66 430)，兔肌动蛋白(*M* 43 000)牛碳酸酐酶(*M* 31 000)胰蛋白酶抑制剂(*M* 20 100)，鸡蛋清溶菌酶(*M* 14 400)。按说明书处理，于 100 ℃水浴中加热 3～

5 min,冷却室温备用。

(2)分离胶缓冲液(Tris-HCl 缓冲液 pH 8.9):取 1 mol/L 盐酸 48 mL,Tris 36.3 g,用无离子水溶解后定容至 100 mL。

(3)浓缩胶缓冲液(Tris-HCl 缓冲液 pH 6.7):取 1 mol/L 盐酸 48 mL,Tris 5.98 g,用无离子水溶解后定容至 100 mL。

(4)30%分离胶贮液:配制方法与连续体系相同,称丙烯酰胺(Acr)30 g 及 N,N′-甲叉双丙烯酰胺(Bis)0.8 g,溶于重蒸水中,最后定容至 100 mL,过滤后置棕色试剂瓶中,保存。

(5)10%浓缩胶贮液:称 Acr 10 g 及 Bis 0.5 g,溶于重蒸水中,最后定容至 100 mL,过滤后置棕色试剂瓶中,贮存。

(6)10%SDS 溶液:SDS 在低温易析出结晶,用前微热,使其完全溶解。

(7)1%TEMED。

(8)10%过硫酸铵(AP):现用现配。

(9)电泳缓冲液(Tris-甘氨酸缓冲液 pH 8.3):称取 Tris 6.0 g,甘氨酸 28.8 g,SDS 1.0 g,用无离子水溶解后定容至 1 L。

(10)样品溶解液:粗提的血清 IgG 样品溶液来源于本章实验 1-3。

(11)染色液:0.25 g 考马斯亮蓝 G-250,加入 454 mL 50%甲醇溶液和 46 mL 冰乙酸混匀即可。

(12)脱色液:75 mL 冰乙酸,875 mL 重蒸水与 50 mL 甲醇混匀。

## 四、实验步骤

1. 制胶玻板的清洗

用海绵和洗涤剂轻柔地清洗,严禁使用刷子和颗粒状的去污粉与洗衣粉,完全冲洗干净后烘干。

2. 分离胶的制备

配制 12%分离胶:在烧杯中依次加入重蒸水 3.35 mL,分离胶缓冲液(1.5 mol/L Tris-HCl,pH 8.8)2.5 mL,10% SDS 0.1 mL,凝胶储备液 4.0 mL,10%过硫酸铵 50 μL 和 TEMED 10 μL。由于 AP 和 TEMED 相遇后凝胶即开始聚合,所以应立即混匀混合液,用移液枪抽取凝胶液加至长、短玻璃板间的窄缝内,距离短玻璃板上沿约 2 cm 时停止灌胶,然后在分离胶上层加满蒸馏水,室温聚合(室温过低时可置于 37 ℃烘箱下聚合),待分离胶聚合完全后,倾倒去除覆盖上层的蒸馏水。

3. 浓缩胶的制备

配制 5%浓缩胶:在烧杯中依次加入重蒸水 2.92 mL,浓缩胶缓冲液(0.5 mol/L Tris-HCl,pH 6.8)1.25 mL,10% SDS 0.05 mL,凝胶储备液 0.8 mL,10%过硫酸铵 25 μL 和 TEMED 10 μL。由于 AP 和 TEMED 相遇后凝胶即开始聚合,所以应立即混匀混合液,用移液枪抽取凝胶液加至长、短玻璃板间的窄缝内,灌满后小心插入梳齿,避免混入气泡,室温聚合(室温过低时可置于 37 ℃烘箱下聚合)。

4. 蛋白质样品的处理

将透析过的 IgG 样品液、标准蛋白液分别与上样缓冲液混合后在沸水浴中加热 5 min,各取 20 μL 加入凝胶板的样品槽中。

5. 电泳

将电泳仪的正负极与电泳槽正负极相连接，打开电泳仪开关，开始时设置电压为 80 V，当样品液进入分离胶后再调电压至 130 V，观察溴酚蓝染料达到距离凝胶底部 1～1.5 cm 时，停止电泳，关闭电源。

6. 染色与脱色

电泳结束后，取下胶板，放入染色液染色 30 min（在溴酚蓝条带中心插一细钢丝作为标志，防止在染色和脱色过程中溴酚蓝脱色不清晰）再用脱色液脱色，直至蛋白质区带清晰。脱色后的凝胶在凝胶成像仪上拍照，分析。

## 五、实验结果及数据处理

用直尺分别量出标准蛋白质各组分区带中心、样品蛋白质区带中心以及溴酚蓝指示剂距分离胶顶端的距离，计算出相对迁移率：

$$m=\frac{\text{蛋白质带迁移距离}}{\text{溴酚蓝指示剂迁移距离}}$$

表 5-1 数据处理表

| 蛋白名称 | 迁移距离 | 相对迁移率(X) | 蛋白分子质量(u) | 蛋白质分子质量对数(Y) |
|---|---|---|---|---|
| 兔磷酸化酶 B | | | | |
| 牛血清白蛋白 | | | | |
| 兔肌动蛋白 | | | | |
| 牛碳酸酐酶 | | | | |
| 胰蛋白酶抑制剂 | | | | |
| 鸡蛋清溶菌酶 | | | | |
| 指示剂 | | — | — | — |

以标准蛋白质各组分的分子量对数为纵坐标、以相对迁移率为横坐标，绘制标准蛋白质的标准曲线。根据样品蛋白质的迁移率，在标准曲线上求出其相对分子质量。

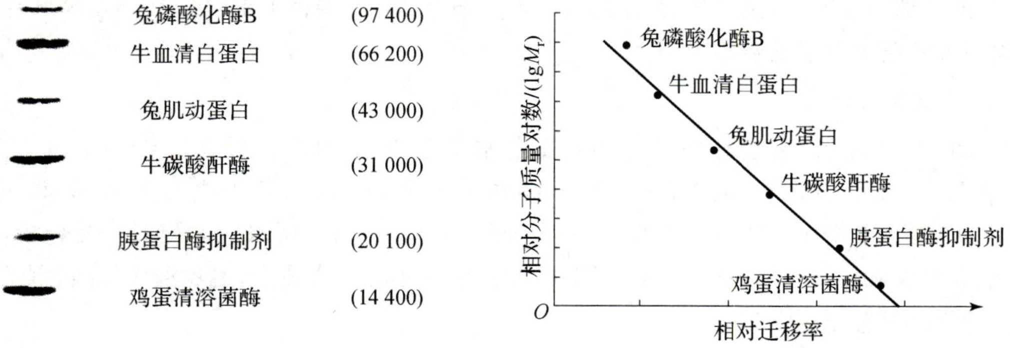


图 5-2 标准蛋白曲线示意图

## 六、思考题

1. 在 SDS-PAGE 中,分离胶中的 TEMED 和 AP 的作用是什么?
2. 样品液为何在加样前需在沸水中加热几分钟?

# 实验 2　酵母醇脱氢酶的提纯及其性质的研究

醇脱氢酶(Alcohol dehydrogenase，ADH)是生物体内重要的氧化还原催化剂之一，在生物催化、生物医学领域都有较为广泛的应用。生物体内的很多醇类代谢都是通过醇脱氢酶催化完成的。醇脱氢酶来源广泛，种类繁多，可按肽链长度分为短链、中链、长链醇脱氢酶，所含肽链氨基酸残基数分别为 250、375 和 600～750，酵母醇脱氢酶(Yeast alcohol dehydrogenase，YADH)是其中研究和应用最为广泛的一种。酵母醇脱氢酶以 $NAD^+$/NADH 为辅酶，可逆催化醇和醛/酮之间的氧化还原反应。酵母醇脱氢酶为四聚体，单个亚基肽链含 347 个氨基酸残基，亚基相对分子质量为 35 000。

## 实验 2-1　酵母醇脱氢酶的提纯

### 一、实验目的

1. 学习和掌握醇脱氢酶提纯的原理和方法。
2. 掌握醇脱氢酶活力的测定方法。

### 二、实验原理

以酵母为原料，利用热变性、有机溶剂沉淀蛋白质等方法，提取具有一定纯度的酵母醇脱氢酶。在提纯过程中，每经一步提纯处理，都需测定酶蛋白质含量和活力，并计算比活力(本实验比活力=活力单位数/mg 蛋白质)。唯有比活力提高了，才证明所用提纯措施有效，酶制剂的纯度提高了。

醇脱氢酶的辅酶 NAD，它能催化乙醇脱氢变成乙醛，脱下的氢则使 $NAD^+$ 还原。

$$CH_3CH_2OH + NAD^+ \rightleftharpoons CH_3CHO + NADH + H^+$$

当有过量醇存在时，$NAD^+$ 被还原的速度与酶活力成正比，酶活力越高，单位时间产生的 NADH 越多。NADH 对 340 nm 紫外线有较强吸收，$NAD^+$ 无此能力，因此可用测定 $A_{340}$ 的方法测得反应体系中 NADH 含量，从而得知酶活力的大小。

本实验用考马斯亮蓝结合法测定蛋白质含量(参考第三章实验 4 考马斯亮蓝法测定蛋白质浓度)。

### 三、实验器材和试剂

1. 器材

烧杯、移液器、量筒、容量瓶、试管、水浴锅、电子天平、离心机、紫外可见分光光度计等。

2. 试剂

(1)干酵母粉：将鲜酵母分散成小块，放在搪瓷盘吹干。干燥后，研磨成粉末(80 目)。

(2)3 mol/L 乙醇溶液：量取无水乙醇(相对密度：0.789，相对分子质量：46.07)174.6 mL，加蒸馏水稀释 1 000 mL。

(3)0.06 mol/L 焦磷酸钠溶液(pH 8.5)：称取焦磷酸钠 $Na_4P_2O_7 \cdot 10H_2O$ 26.76 g 溶于

蒸馏水，稀释至 1 000 mL。

(4)0.001 5 mol/L NAD 溶液：称取 NAD 0.099 5 g(NAD 相对分子质量：663.44)溶于蒸馏水并稀释至 100 mL。

(5)0.01 mol/L 磷酸氢二钾溶液：溶 1.74 g $K_2HPO_4$ 于蒸馏水并稀释至 1 000 mL。

(6)丙酮(AR)。

(7)0.066 mol/L 磷酸氢二钠溶液：溶 9.37 g $Na_2HPO_4$ 于蒸馏水并稀释至 1 000 mL。

## 四、实验步骤

1. 酵母醇脱氢酶的提纯

(1)粗提

置 20 g 干酵母粉于 250 mL 烧杯中，加 0.066 mol/L $Na_2HPO_4$ 溶液 80 mL，37 ℃水浴锅保温 2 h，不断搅拌。再于室温提取 3 h，离心 20 min(4 000 r/min)取上清液 2 mL，测定蛋白质含量及酶活力，其余上清液量得体积后，倾于 150 mL 烧杯中。

(2)热变性沉淀杂蛋白

将上清液 55 ℃保温 15～20 min，不断慢速搅拌。保温毕，立即置冷水中冷却，离心 20 min (4 000 r/min)。吸取上清液 2 mL，测蛋白质含量及酶活力。其余上清液量得体积后，倾于烧杯中。

(3)有机溶剂沉淀杂蛋白

将上清液置盐冰浴中降温至－2 ℃以下，按 100 mL 上清液加 50 mL 丙酮的比例加入预先冷至－2 ℃以下的丙酮，边加边搅。加毕，放置片刻，低温离心(0 ℃，4 000 r/min)。吸取上清液 2 mL，测蛋白质含量及酶活力。其余上清液量得体积后，倾入已置于盐冰浴的烧杯中。

(4)有机溶剂沉淀酶蛋白

按 100 mL 上清液加 55 mL 丙酮的比例，逐滴加入冰冷之丙酮，使溶液保持－2 ℃以下。待沉淀完全后，低温离心 15 min(0 ℃，4 000 r/min)。弃去上清液，沉淀溶于少量蒸馏水，转移至透析袋内，在冷水透析 3 h(在冰箱中进行)。离心除去沉淀，上清液即为达到一定纯度的醇脱氢酶制剂(此制剂已无 NAD)。

2. 蛋白质浓度的测定

吸取 1、2、3 步骤所取的样液及最后制得的酶制剂 0.5 mL，用蒸馏水稀释 100～200 倍(可按具体情况决定稀释倍数)。

将 5 支干净试管编以 0、1、2、3、4 号。0 号管作空白试验，加入 1.0 mL 蒸馏水，其余 4 管分别加入已稀释的样液或酶制剂 1.0 mL。各管均加考马斯亮蓝染液 4.0 mL，混匀，室温静置 3 min，于波长 595 nm 处比色，对照标准曲线(第三章实验 4 考马斯亮蓝结合法测定蛋白质浓度)求得各样液及酶制剂的蛋白质浓度。

3. 酶活力测定

样液及酶制剂均需用 0.01 mol/L $K_2HPO_4$ 溶液稀释，稀释倍数如下：

$V$(粗提取液)∶$V(K_2HPO_4)$＝1∶4；

$V$(热变性去杂蛋白样液)∶$V(K_2HPO_4)$＝1∶9；

$V$(有机溶剂去杂蛋白样液):$V(K_2HPO_4)=1:9$;

$V$(酶制剂):$V(K_2HPO_4)=1:9$。

吸取 0.06 mol/L 焦磷酸钠溶液 0.5 mL、3 mol/L 乙醇溶液 0.1 mL、0.001 5 mol/L NAD 溶液 0.1 mL、蒸馏水 2.2 mL 置于石英比色杯中(容量 4 mL),加入已稀释的样液或酶制剂 1 mL,立即混匀,测定 $A_{340}$,以后每隔 15 s 测 1 次,直至 $A_{340}$ 不变,记下反应时间和 $A_{340}$ 读数。

于另一石英比色杯中,以蒸馏水代替底物作空白试验。每分钟 $A_{340}$ 增加 0.001 为 1 活力单位。

4. 结果

将测得数据或计算结果填入表 5-2。提纯酶时,常用此表,它反映了所采用的每一提纯步骤的效果。

**表 5-2　醇脱氢酶的提纯**

| 提纯步骤 | 总体积/mL A | 蛋白质浓度/(mg/mL) B | 蛋白质总量/mg C | 酶活力/U D | 总活力/U E | 比活力/(U/mg) F | 回收率/% | |
|---|---|---|---|---|---|---|---|---|
| | | | | | | | 蛋白质 G | 酶活力 H |
| 1. 粗提 | | | | | | | 100 | |
| 2. 热变性去除杂蛋白 | | | | | | | | |
| 3. 有机溶剂去除杂蛋白 | | | | | | | | |
| 4. 有机溶剂沉淀杂蛋白 | | | | | | | | |

注:$C=A\times B$,$E=A\times D$,$F=D/B$。

## 五、思考题

1. 从酵母中提取酵母脱氢酶的实验原理是什么?
2. 在提取过程中需要注意哪些环节避免酶活力的丧失?

# 实验 2-2 酵母醇脱氢酶的凝胶层析

## 一、实验目的

学习用凝胶层析技术纯化酶，并为动力学实验提供一定量的酵母醇脱氢酶。

## 二、实验原理

本实验用 Sephadex G-100 纯化酵母醇脱氢酶。

## 三、实验器材和试剂

1. 器材

层析柱 1 cm×90 cm、恒流泵、紫外检测仪、部分收集器、记录仪、试管等普通玻璃器皿。

2. 试剂

(1)酶样品：本章实验 2-1 经有机溶剂沉淀后的上清酶液。

(2)葡聚糖凝胶 Sephadex G-100。

(3)洗脱液：0.05 mol/L Tris-HCl 缓冲液。

(4)冷冻干燥机。

## 四、实验步骤

1. 凝胶的处理

Sephadex G-100 干粉经蒸馏水室温充分溶胀 24 h，用倾泻法将悬浮在上层的较细颗粒除去，抽干，用 10 倍体积的洗脱液处理约 1 h，搅拌后继续用倾泻法除去悬浮的较细颗粒，备用。

2. 装柱

将层析柱垂直装好，关闭出口，加入洗脱液约 1 cm 高。将处理好的凝胶用等体积洗脱液搅成浆状，自柱顶部沿管内壁缓缓加入柱中，待底部凝胶沉积约 1 cm 高时，再打开出口，继续加入凝胶浆，至凝胶沉积至一定高度(7～8 cm)即可。

3. 平衡

将洗脱液与恒流泵相连，恒流泵出口端与层析柱入口相连，用 2～3 倍床体积的洗脱液平衡，流速为 0.5 mL/min。

4. 加样与洗脱

将柱中多余的液体放出，使液面刚好盖过凝胶，关闭出口，将 1 mL 样品(根据实际情况将样品进行稀释)沿层析柱管壁小心加入，加完后打开底端出口，使液面降至与凝胶面相平时关闭出口，用少量洗脱液洗柱内壁 2 次，加洗脱液至液层 4 cm 左右，接上恒流泵，调好流速(0.5 mL/min)，开始洗脱。

5. 收集与测定

用部分收集器收集洗脱液，每管 4 mL。紫外检测仪 280 nm 处检测，用记录仪或将检测信号输入色谱工作站系统，绘制洗脱曲线。

本实验在用 280 nm 检测的同时需测定酶的活力大小，收集 280 nm 峰和活力峰重叠的区域。将收集液反复冷冻干燥，得纯的酵母纯脱氢酶，用本章实验 2-1 的方法测定酶的比活力。

## 五、注意事项

参见凝胶层析相关实验注意事项。

## 六、思考题

Sephadex G-100 纯化酵母脱氢酶的原理是什么？

# 实验 2-3 酵母醇脱氢酶的专一性

## 一、实验目的

了解醇脱氢酶的专一性。

## 二、实验原理

用不同的醇(乙醇、正丙醇、甲醇)作底物,观察醇脱氢酶的专一性。

反应方程式:

$$RCH_2OH + NAD^+ \xrightleftharpoons{\text{醇脱氢酶}} RCHOH + NADH + H^+$$

根据 NADH 对 340 nm 波长紫外线有最大吸收的特性,可用 $A_{340}$ 表示酶活力。每毫克酶蛋白有多少酶活力单位称为比活力。

醇脱氢酶对于各种不同醇应有的不同的比活力。

## 三、实验器材和试剂

1. 器材

吸管、试管、紫外可见分光光度计等。

2. 试剂

(1)3 mol/L 甲醇溶液:120 mL 无水甲醇(相对密度:0.786,相对分子质量:32)加蒸馏水稀释至 1 000 mL。

(2)3 mol/L 乙醇溶液:量取无水乙醇(相对密度:0.789,相对分子质量:46.07)174.6 mL,加蒸馏水稀释 1 000 mL。

(3)3 mol/L 正丙醇溶液:225 mL 正丙醇(相对密度:0.804,相对分子质量:60.0),加蒸馏水稀释至 1 000 mL。

(4)0.01 mol/L 磷酸氢二钾的溶液:溶 1.74 g $K_2HPO_4$ 蒸馏水并稀释至 1 000 mL。

(5)0.06 mol/L 焦磷酸钠溶液(pH 8.5):称取焦磷酸钠 ($Na_4P_2O_7 \cdot 10H_2O$)26.76 g 溶于蒸馏水,稀释至 1 000 mL。

(6)0.001 5 mol/L NAD 溶液:称取 NAD 0.099 5 g(NAD 相对分子质量:663.44)溶于蒸馏水并稀释至 100 mL。

(7)酵母醇脱氢酶液:将本章实验 2-1 制得的酶制剂,用 0.01 mol/L 磷酸氢二钾溶液稀释至每毫升含 200~1 000 活力单位。

(8)考马斯亮蓝染液(参见第三章实验四考马斯亮蓝法测定蛋白质浓度)。

## 四、实验步骤

1. 将 4 只石英比色杯(光径 1 cm)编以 0、1、2、3 号,按表 5-3 加入试剂。

表 5-3 醇脱氢酶的专一性

| 试剂 | 0 | 1 | 2 | 3 |
| --- | --- | --- | --- | --- |
| 0.06 mol/L $Na_4P_2O_7$ 溶液(pH 8.5) | 0.5 | 0.5 | 0.5 | 0.5 |
| 0.001 5 mol/L NAD 溶液 | 0.1 | 0.1 | 0.1 | 0.1 |
| 3 mol/L 甲醇溶液 | — | 0.1 | — | — |
| 3 mol/L 乙醇溶液 | — | — | 0.1 | — |
| 3 mol/L 正丙醇溶液 | — | — | — | 0.1 |
| $H_2O$ | 2.3 | 2.2 | 2.2 | 2.2 |

先向 0 号比色杯加入 0.1 mL 酶液，混匀，放入分光光度计，用以调零。再向 1 号比色杯，加入 0.1 mL 酶液(开始计时)，迅速混匀测 $A_{340}$，以后每隔 10～15 s 测 $A_{340}$ 一次，直至 $A_{340}$ 值不再上升。

按同法再测 2、3 号比色杯内的溶液。

以 $A_{340}$ 为纵坐标，时间(s)为横坐标作图。

取初速度(曲线上升部分)求得酶活力。

本实验以 $A_{340}$ 每改变 0.001 单位定为一个活力单位，以酶活力单位/分表示酶活力。

2. 取酶液 0.1 mL，加蒸馏水 4.9 mL，摇匀。吸此稀释液 1.0 mL，加考马斯亮蓝染液 4.0 mL，混匀，室温静置 3 min，测 $A_{595}$(另以蒸馏水代替酶液作空白试验，以此调零)。

对照标准曲线(参见第三章实验四考马斯亮蓝法测定蛋白质浓度)，求得蛋白质浓度。

计算得酵母醇脱氢酶对三种醇的比活力(比活力＝活力单位数/mg 蛋白质)以比活力为纵坐标，醇的碳链长度为横坐标作图，按图说明酶的专一性。

## 五、注意事项

1. 实验时应选择适当的酶活力以获得直观的比较。

2. 加酶后应迅速混匀，且每次的混匀方式应保持一致，同时避免过于剧烈产生气泡而影响比色。

## 六、思考题

根据实验结果分析酵母脱氢酶属于哪种专一性酶。

# 实验 3 动物组织 LDH 同工酶聚丙烯酰胺凝胶垂直平板电泳

## 一、目的和要求

1. 学习和掌握蛋白质的 PAGE 基本原理及电泳技术。
2. 学习和掌握不同组织的 LDH 同工酶的 PAGE 技术和专一性活性染色的原理。

## 二、实验原理

同工酶是指生物体中结构和性质不同而能催化相同反应的一类酶。许多酶都具有同工酶(占已知酶的 40%～50%),聚丙烯酰胺凝胶电泳可利用同工酶结构上的差异(分子质量不同)而将其分离。乳酸脱氢酶(Lactate Dehydrogenase,LDH)是催化丙酮酸和乳酸进行可逆转化的酶。1959 年,Markert 等用电泳的方法将牛心肌提纯的 LDH 结晶分离出 5 条区带,靠近阳极一端的称为 $LDH_1$,靠近阴极一端的称为 $LDH_5$;其余 3 种,由阳极到阴极依次命名为 $LDH_2$、$LDH_3$ 及 $LDH_4$。它们均具有 LDH 催化活性,从而首先提出了同工酶(Isoenzyme)的概念。目前已知 LDH 同工酶是由 H 亚基及 M 亚基按不同比例组成的四聚体,它们是 $H_4$($LDH_1$)、$H_3M$($LDH_2$)、$H_2M_2$,($LDH_3$)、$HM_3$($LDH_4$)及 $M_4$($LDH_5$)5 种。心肌中以 $LDH_1$ 含量高,肝中 $LDH_5$ 含量高(图 5-3)。

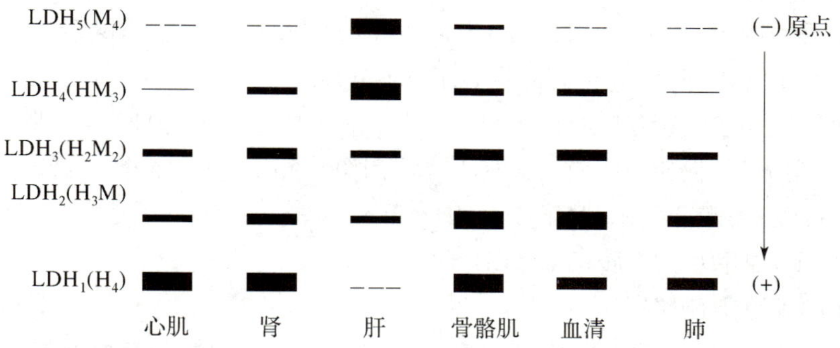


图 5-3 兔子各组织的 LDH 同工酶电泳活性染色示意图

LDH 同工酶催化反应的专一性活性显色反应如图 5-4 所示。

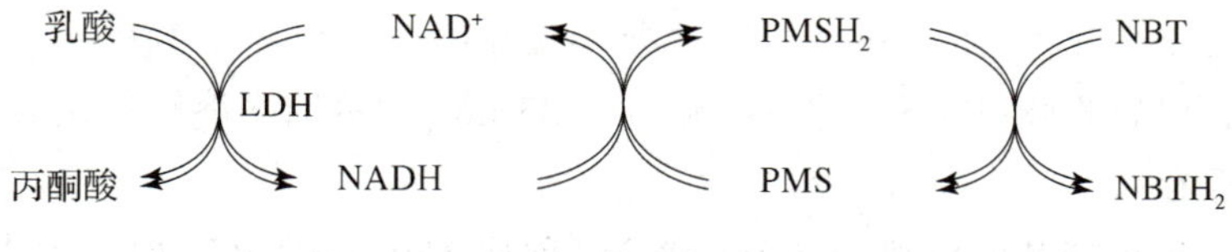


图 5-4 LDH 同工酶的活性显色反应

图 5-4 所示的反应中,PMS 为甲硫吩嗪(Phenazinemethosulfate,PMS),NBT 为氯化硝基四氮唑蓝(Nitroblue tetrazolium chloride,NBT),它们都是接受电子的染料。LDH 与底物染色液在 37 ℃反应中脱下的氢最后传递给 NBT 生成蓝紫色的 $NBTH_2$,此物不溶于水,有利于显色后区带的保存,但可溶于氯仿及 95%乙醇(9∶1)的混合液。因此电泳后的显色区带可通

过浸泡法浸出，于 560 nm 波长处比色，也可用光吸收扫描仪得出 LDH 同工酶间的相对百分含量。

## 三、实验器材和试剂

1. 器材

夹心式垂直板电泳槽、直流稳压电泳仪、恒温水浴锅、脱色摇床、凝胶成像仪、电炉、电子天平、烧杯、移液器、吹风机、玻璃棒、培养皿、大漏斗、滤纸等。

2. 试剂

(1)实验材料采用健康兔的心肌、肾、肝、骨骼肌、血清和肺，共 6 种。

(2)凝胶制备的试剂。

①30%凝胶储液：取 30 g 丙烯酰胺(Acr)、0.8 g 甲叉双丙烯酰胺(Bis)，先用约 50 mL $dH_2O$ 溶解，如溶解不完全，可加热至 30～50 ℃溶解，再用量筒定容至 100 mL，然后过滤，置于棕色瓶，4 ℃下保存备用。

②10%($m/V$)过硫酸铵溶液：取 2 g 过硫酸铵于 $dH_2O$ 溶解后，定容至 20 mL，现配现用。

③1 mol/L HCl(500 mL)：取浓盐酸(36%～38%)42 mL，加 $dH_2O$ 定容至 500 mL(在通风橱中操作)。

④分离胶缓冲溶液，1.5 mol/L Tris-HCl 缓冲液，pH 8.8)：取 18.15 g Tris(三羟甲基氨基甲烷)于 $dH_2O$ 溶解后，加 1 mol/L HCl 约 48 mL，调 pH 至 8.8，定容至 100 mL。

⑤浓缩胶缓冲液，0.5 mol/L Tris-HCl 缓冲液，pH 6.8：取 6 g Tris 于 $dH_2O$ 溶解后，加 1 mol/L HCl 约 40 mL，调 pH 至 6.8，定容至 100 mL。

⑥电极缓冲液(0.05 mol/L Tris-0.384 mol/L 甘氨酸缓冲液，pH 8.3)：取 Tris 6 g、甘氨酸 28.8 g，加水溶解后，测定 pH 应为 8.3，定容至 1 000 mL。用时稀释 3 倍。

⑦0.5%($m/V$)溴酚蓝指示剂(配 50 mL)。

⑧10%($V/V$)四甲基乙二胺(TEMED)(配 20 mL)。

(3)LDH 同工酶染色储存液。

①5 mg/mL $NAD^+$(氧化型辅酶 I)溶液：称取 500 mg $NAD^+$，用蒸馏水溶解并定容至 100 mL，置棕色瓶中，4 ℃下可保存 15 d。

②1 mol/L 乳酸钠：量取 60%乳酸钠 9.25 mL，蒸馏水溶解并定容至 100 mL，置棕色瓶中，4 ℃下保存。

③0.1 mol/L NaCl：称取 0.584 g NaCl，加蒸馏水溶解并定容至 100 mL。

④1 mg/mL 甲硫吩嗪(PMS)：称取甲硫吩嗪 25 mg，加蒸馏水溶解并定容至 25 mL，置棕色瓶中，4 ℃下保存。

⑤1 mg/mL 氯化硝基四氮唑蓝(NBT)溶液：称取 150 mg NBT，加蒸馏水溶解并定容至 150 mL，呈淡黄色，于棕色瓶 4 ℃下保存。每次用完后妥善保管。当淡黄色 NBT 变绿或出现沉淀时，不能再使用。

⑥0.01 mol/L pH 6.5 PBS：称取 0.225 6 g $Na_2HPO_4 \cdot 12H_2O$、0.213 7 g $NaH_2PO_4 \cdot 2H_2O$，加水溶解，定容至 200 mL。

⑦保存液：7%($V/V$)醋酸，配 1 000 mL。

⑧40%(*m*/*V*)蔗糖溶液 100 mL。

## 四、实验步骤

1. 样品的处理

分别称取 0.5 g 兔的肝脏、心肌、肾、骨骼肌、肺等组织，各加入 5 mL 0.01 mol/L pH 6.5 PBS 和少量石英砂于研钵磨成匀浆，以 10 000 r/min 离心 10 min，取上清液于 4 ℃保存。取 1 mL 上述各组织提取液和血清，各加 1 mL 40%蔗糖溶液和 20 μL 0.5%溴酚蓝，混匀，用于电泳时点样。

2. 凝胶的制备

(1)将电泳槽的玻璃板清洗干净，并用吹风机吹干。

(2)按要求安装好电泳槽和玻璃板。

(3)用 $dH_2O$ 检查玻璃底部是否漏水，如果漏水，要重装。

(4)按表 5-4 配方先配制分离胶，胶浓度为 7.5%，混匀后即刻灌胶，灌至距离玻璃板短板上沿 1～1.5 cm 停止灌胶，分离胶上面用 $dH_2O$ 覆盖，待胶凝固后倾倒去上层的水。

(5) 待分离胶凝固后按表 5-4 配方配制浓缩胶，胶浓度为 5%。混匀后即刻灌胶，插入梳子。

(6)浓缩胶凝固后拔出梳子。

(7)将制胶板放入电泳槽内，在电泳槽中加入稀释的电极缓冲液，浸泡至低玻璃面，但不能超过高玻璃面。

(8) 在电泳槽的下槽加入稀释的电极缓冲液，体积基本上与上槽相同。

表 5-4 分离胶和浓缩胶的配方 μL

| 试剂 | 7.5%分离胶 | 5%浓缩胶 |
|---|---|---|
| 30%凝胶储液 | 2 500 | 830 |
| 分离胶缓冲(pH 6.8) | — | 2 500 |
| 浓缩胶缓冲(pH 8.8) | 2 500 | — |
| $dH_2O$ | 4 800 | 1 530 |
| 10% TEMED | 100 | 70 |
| 过硫酸铵 | 100 | 70 |
| 总体积 | 10 000 | 5 000 |

3. 点样

用 20 μL 移液器分别吸取心肌、肾脏、肝脏、骨骼肌、肺、血清各 20 μL 加到浓缩胶的梳孔中，注意各孔间不要污染。

4. 电泳

上槽接电泳仪的阴极(—)，下槽接电泳仪的阳极(+)。开始电压 80 V，当溴酚蓝进入分离胶后调至电压 140 V，当溴酚蓝距离凝胶底部 0.5 cm 停止电泳。

5. 染色

染色液按表 5-5 配制。

表 5-5　LDH 染色液配制(每组用量)　mL

| | $NAD^+$ | 乳酸钠 | NaCl | NBT | PMS | PBS | 总体积 |
|---|---|---|---|---|---|---|---|
| 用量 | 10 | 6.0 | 6.0 | 25 | 2.5 | 12.5 | 62 |

将凝胶小心剥离并置于盛有染色液的培养皿中，置 37℃水浴中保温 10～20 min，待 LDH 同工酶呈现蓝紫色区带，其次序如图 5-5。

图 5-5　凝胶出现的蓝紫色区带

6. 用蒸馏水洗去染色液，凝胶底色脱净，背景清晰，拍照并画出电泳图谱。

## 五、注意事项

1. 组织匀浆制备时一般用 0.01 mol/L pH 6.5 PBS，此溶液需 4 ℃预冷。组织质量 g 与缓冲液体积 mL 之比为 1∶5 或 1∶10。各组织匀浆过程尽可能快些，以降低对酶活性的影响。

2. 电泳时电流不要太高，应防止热效应引起 LDH 同工酶失活，有条件的可在 4 ℃下进行电泳。

3. LDH 同工酶活性染色时间不宜太长，一般以 15～30 min 为宜，大多数条带均显蓝紫色时即可终止染色。

## 六、思考题

1. 在 LDH 的 5 种同工酶中，哪一种的分子质量最小？哪一种的分子质量最大？它们的亚基组成各有什么差别？

2. 从实验的 LDH 同工酶电泳图谱上分析健康兔各组织的 LDH 的差别，试分析原因。

# 实验 4 动物组织 DNA 的提取、质量鉴定及含量测定

## 实验 4-1 动物组织 DNA 的提取及质量鉴定

### 一、实验目的

学习和掌握用浓盐法从动物组织中提取 DNA 的原理与技术。

### 二、实验原理

核酸和蛋白质在生物体中以核蛋白的形成存在，其中 DNA 主要存在于细胞核中，RNA 主要存在于核仁及细胞质中，在制备核酸时应防止过酸、过碱及其他能引起核酸降解的因素的作用。全部操作过程应在低温下(4 ℃)进行，必要时还要加入酶抑制剂。如柠檬酸、氰化物、砷酸盐、乙二胺四乙酸(EDTA)等可以抑制 DNA 酶活性，皂土可抑制 RNA 酶活性，同时 SDS 或苯酚等蛋白变性剂也可破坏核酸酶活性。

动植物的 DNA 核蛋白能溶于水及高浓度的盐液(如 1 mol/L NaCl)，但在 0.14 mol/L 的盐溶液中溶解度很低，而 RNA 核蛋白则溶于 0.14 mol/L 盐溶液，可利用不同浓度的氯化钠溶液，将脱氧核糖核蛋白和核糖核蛋白从样品中分别抽提出来。将抽提得到的脱氧核糖核蛋白用 SDS(十二烷基硫酸钠)处理，DNA 即与蛋白质分开，可用氯仿-异戊醇将蛋白质沉淀除去，而 DNA 则溶解于溶液中。向含有 DNA 的水相中加入冷乙醇，DNA 即呈纤维状沉淀出来。

### 三、实验器材和试剂

1. 器材

鸡肝(或小白鼠的肝脏)、紫外可见分光光度计、匀浆器、量筒、离心管、试管及试管架、移液器、离心机等。

2. 试剂

(1)0.1 mol/L NaCl-0.05 mol/L 柠檬酸钠溶液(pH 6.8)。

(2)95%乙醇(AR)。

(3)NaCl 固体(AR)。

(4)5%SDS 溶液：5 g SDS 溶于 100 mL 水中。

(5)$V$(氯仿)：$V$(异戊醇)混合液(20∶1)。

### 四、实验步骤

1. 取新鲜鸡肝，加入相当于 2 倍肝重的 0.1 mol/L NaCl-0.05 mol/L 柠檬酸钠溶液(pH 6.8)，用匀浆器匀浆(有条件冰浴中匀浆)，取匀浆物 4 mL 于离心管，4 000 r/min 离心 10 min，弃上清，取沉淀。

2. 在上述沉淀中加入 10 mL 0.1 mol/L NaCl-0.05 mol/L 柠檬酸钠溶液(pH 6.8)，悬浮

沉淀混匀后，加入 5 mL 氯仿-异戊醇混合液、1 mL 5% SDS 使其终浓度为 0.41%，振摇 30 min。

3. 边搅拌边缓慢加固体 NaCl 使其终浓度为 1 mol/L(约 0.9 g)。将上述混合液在 4 000 r/min 离心 10 min，取上清水相转移至小烧杯中，其余液体倒入废液收集桶。

4. 在上述水相溶液中加入等体积冷的 95%乙醇，边加边用玻璃棒向同一方向慢慢搅动，将缠绕在棒上的凝胶状物用滤纸吸去多余的乙醇，即得 DNA 粗品。

5. 提纯：将上述所得的 DNA 粗品置于 10 mL 0.1 mol/L NaCl-0.05 mol/L 柠檬酸钠溶液(pH 6.8)，再加入 1 倍体积的氯仿-异戊醇混合液，振摇 10 min，4 000 r/min 离心 10 min，弃去沉淀，上层液中加入 1.5 倍体积 95%乙醇，DNA 即沉淀析出，4 000 r/min，离心 10 min，弃去上清液，沉淀按本操作步骤重复一次。最后所得沉淀用无水乙醇洗涤 2 次，干燥后用于后续纯度分析和含量测定。

## 五、DNA 浓度测定及质量分析

用蒸馏水 10 mL 充分溶解提取的 DNA 样品，分别测定 $A_{230}$、$A_{260\ nm}$ 和 $A_{280\ nm}$ 处的吸光值，计算 $A_{260\ n}/A_{280\ nm}$，纯 DNA 的 $A_{260}/A_{280}$ 为 1.8 左右，纯 RNA 的 $A_{260}/A_{280}$ 为 2.0；DNA 样品中蛋白质含量较高时，则比值下降．当比值大于 1.8 时，有可能是 DNA 降解较多或者里面含有较多的 RNA；依据 $A_{230}/A_{280\ nm}$ 判断多糖等其他杂事污染程度。也可以根据公式计算样品中 DNA 的浓度：

$$\text{DNA(mg/mL)} = 50 \times OD_{260} \times \text{稀释倍数}/1\ 000$$

## 六、注意事项

1. 选择的实验材料要新鲜或保存在－20 ℃(或－70 ℃)，处理时间不宜过长。
2. 在肝脏匀浆一定要均匀，以减少 DNA 团块形成。
3. 提取过程中，颠倒混合动作要温和，转移上清时，尽量用剪去尖端部分的移液器枪以减少 DNA 分子的机械性断裂。
4. 沉淀物干燥时间不宜过长，否则 DNA 不易溶解。
5. 用玻棒缠绕 DNA 有困难时，也可缓慢摇动烧杯以助 DNA 聚集。

## 七、思考题

1. 如何用紫外分光光度技术判定所提取的 DNA 的纯度？
2. 在 DNA 提取的过程中，如何采取措施防止 DNA 被 DNA 水解酶水解？
3. 实验中没有获得预期量的 DNA 时，可能的原因是什么？

# 实验 4-2　DNA 的定量测定——二苯胺法

## 一、实验目的

学习和掌握二苯胺法测定 DNA 含量的原理和方法。

## 二、实验原理

强酸可以使 DNA 中的嘌呤碱基与脱氧核糖间的糖苷键断裂，产生 2′-脱氧核糖。在酸性环境中，2′-脱氧核糖转变为 $\omega$-羟基-$\gamma$-酮基戊醛，后者与二苯胺反应生成蓝色化合物，在 595 nm 波长处有最大光吸收。当 DNA 浓度位于 40～400 $\mu$g/mL 范围内时，DNA 浓度与光吸收值成正比。利用这一性质，可以通过光吸收值的变化检测 DNA 的含量。在反应液中加入少量乙醛，可以提高反应的灵敏度，其他化合物的干扰作用也明显降低。蛋白质、多种糖（如脱氧木糖、阿拉伯糖等）都能与二苯胺形成各种有色物质。这对 DNA 含量的测定结果有干扰。而 RNA 中的核糖一般无此反应，所以少量 RNA 的存在不会干扰测定结果。

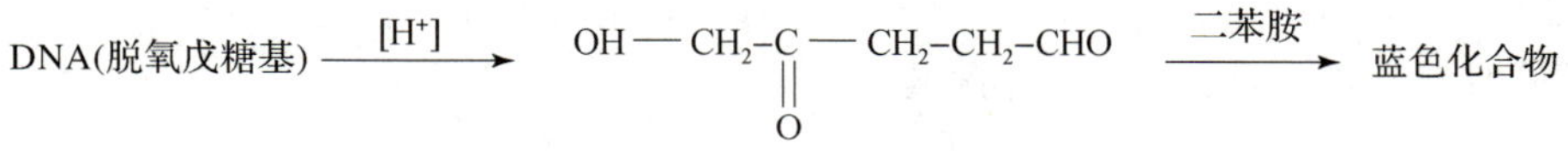


$\omega$-羟基-$\gamma$-酮基戊醛

## 三、实验器材和试剂

1. 器材

坐标纸、试管、紫外可见分光光度计、恒温水浴锅、移液器等。

2. 试剂

材料来源于实验 4-1 所提的 DNA。

（1）DNA 标准溶液（200 $\mu$g/mL）：称取小牛胸腺的 DNA 钠盐，用 5 mmol/L 的 NaOH 配成 200 $\mu$g/mL 的溶液。

（2）二苯胺试剂：称取纯二苯胺（如不纯，需在 70%乙醇中重结晶 2 次）1 g 于 100 mL 分析纯的冰醋酸中，再加入 60%以上的过氯酸（A. R.）10 mL，混匀待用。当所用药品纯净时，配得试剂应为无色，临用前加入 1 mL 1.6%乙醛溶液（乙醛溶液应保存于冰箱中，一周内可使用），贮于棕色瓶。

（3）DNA 样品液：将实验所提取的 DNA 粗品用蒸馏水溶解，定容至 50 mL，控制其 DNA 含量在 40 $\mu$g/mL 以上。

## 四、实验步骤

1. 标准曲线的绘制

按表 5-6 加入各种试剂。

表 5-6 二苯胺法测定 DNA 含量-标准曲线绘制

| | 0 | 1 | 2 | 3 | 4 | 5 |
|---|---|---|---|---|---|---|
| 标准 DNA 溶液/mL | 0 | 0.4 | 0.8 | 1.2 | 1.6 | 2.0 |
| 蒸馏水/mL | 2.0 | 1.6 | 1.2 | 0.8 | 0.4 | 0 |
| 二苯胺试剂/mL | 4.0 | 4.0 | 4.0 | 4.0 | 4.0 | 4.0 |
| $A_{595\ nm}$ | | | | | | |

各管混匀，于 60 ℃恒温水浴保温 45 min，冷却后，在 595 nm 波长下测各管吸光度，以吸光度对 DNA 浓度作图，制定标准曲线。

2. 样品的测定

吸取 DNA 样品液 1.0 mL，加入蒸馏水 1.0 mL，混匀，然后准确加入二苯胺试剂 4.0 mL 混匀，于 60 ℃恒温水浴保温 45 min，冷却后，于 595 nm 波长测吸光度值，根据所测得的吸光度对照标准曲线求得 DNA 的质量(μg)。

## 五、计算

按下式计算 100 g 鸡肝中 DNA 含量

$$w=\frac{m_1}{m_2}\times 100\%$$

式中：$w$ 为 DNA 的质量分数(%)；$m_1$ 为样液中测得的 DNA 的质量(μg)；$m_2$ 为样液中所含样品的质量(μg)。

## 六、注意事项

1. 其他糖及糖的衍生物、芳香醛、羟基醛和蛋白质等，对此反应干扰，测定前尽量除去。

2. 在二苯胺试剂中加入乙醛，可加深反应产物的显色量，从而增加对 DNA 含量的灵敏度，同时也可减少脱氧木糖和阿拉伯糖等的干扰。

3. 实验所用的玻璃仪器须清洁、干燥。

## 七、思考题

若 DNA 样品中混有 RNA 和蛋白质，应如何除去这些杂质？

# 实验5 绿色荧光蛋白融合蛋白的表达、纯化和表征

## 一、实验目的

1. 了解并掌握重组蛋白在大肠杆菌中的克隆、表达和纯化方法。
2. 了解并掌握基因融合的方法。
3. 掌握利用组氨酸标签亲和层析纯化蛋白质的方法。
4. 了解并掌握利用 SDS-PAGE 电泳的方法检验蛋白质表达水平。

## 二、实验原理

绿色荧光蛋白(greenfluorescent protein,GFP)是由约 238 个氨基酸组成的蛋白质,从蓝光到紫外线都能使其激发,发出绿色荧光。虽然许多其他海洋生物也有类似的绿色荧光蛋白,但传统上 GFP 指最先从维多利亚多管发光水母中分离的蛋白质。目前,在细胞与分子生物学中,GFP 基因常用做报告基因(reporter gene)。

苹果酸脱氢酶(malate dehydrogenase,MDH)广泛存在于生物体中,是糖代谢途径中的重要酶之一,能催化苹果酸与草酰乙酸之间的可逆转换。MDH 在细胞的多种生理活动中起着重要作用,包括线粒体的能量代谢以及植物的活性氧代谢等,MDH 的表达和结构研究不仅具有较高的理论意义,而且在农业生产、医学和工业生物技术领域具有很高的经济利用价值。

本实验利用大肠杆菌表达带有 GFP 报告基因的 MDH,并利用加上的组氨酸标签(His-tag)采用镍柱亲和层析的方法纯化重组蛋白。

亲和层析是利用生物大分子与其配体之间存在的特异性生物学亲和力来对生物分子进行纯化的一类层析方法。由于其作用力是特异性的,因此方法有很高的选择性和分辨率,经常能通过一步纯化达到其他分离纯化手段达不到的效果。亲和层析又分为多种不同的类型,其中金属螯合亲和层析是近年来应用最为广泛的一种类型,利用某些氨基酸能够与特定的金属离子间形成配位键而发生螯合作用从而将蛋白质吸附到固定了金属离子的固定相上。镍离子与组氨酸的咪唑基能形成典型的配位键,因此镍柱层析广为使用。在利用基因工程表达目标蛋白质时为了方便后续的蛋白质纯化,常在编码目标蛋白质的基因靠近蛋白质的 N 端或 C 端处插入 6 个连续的组氨酸密码子。这样表达出的蛋白质在 N 端或 C 端就存在 6 个连续的组氨酸(6×His)标签,利用其与镍离子之间的亲和力,可以很方便地将目标蛋白质与表达体系中的其他分子分离。镍柱亲和层析目前已成为纯化重组蛋白的通用方法。

## 三、实验器材和试剂

1. 器材

水平电泳槽、PCR 热循环仪、小型台式高速离心机、垂直电泳槽、超净工作台、立式高速离心机、金属浴、水浴锅、超声破碎仪、冰盒、恒温摇床、漩涡振荡器、恒温培养箱、凝胶成像仪、脱

色摇床、电磁炉、蛋白质层析系统、紫外可见分光光度计、离心管、PCR 管、枪头、离心管、试管、移液器、坂口烧瓶、锥形瓶等。

2. 试剂

(1)菌株:大肠杆菌 DH5a 和 BL21(DE3)感受态细胞。

(2)载体:pMD18-T 载体、pET24(+)-*sfGFP* 载体(其中 sf 为 super-fold 的缩写)。

(3)限制性内切核酸酶及相应的酶切缓冲液(商品化):*Eco*RⅠ、*Bam* HI、*Bgl*Ⅱ、*Hind*Ⅲ。

(4)高保真 DNA 聚合酶(pf$\mu$)。

(5)引物(自行设计)。

(6)试剂盒:PCR 产物纯化试剂盒、质粒小提试剂盒、T4 DNA 连接酶试剂盒。

(7)琼脂糖。

(8)琼脂粉。

(9)50×TAE(Tris 242 g,$Na_2EDTA$ 37.2 g,无水乙酸 57.1 mL,用蒸馏水定容至 1 L)。

(10)50 $\mu$g/mL 氨苄西林;50 $\mu$g/mL 卡那霉素。

(11)LB 培养基:胰蛋白胨 10 g/L,酵母提取物 5 g/L,NaCl 10 g/L,调节 pH 至 7.0。

(12)LB 固体培养基:胰蛋白胨 10 g/L,酵母提取物 5 g/L,NaCl 10 g/L,琼脂粉 20 g/L,灭菌后冷却至 40 ℃左右加入相应卡那霉素或氨苄西林,制备 LB 琼脂平板。

(13)PBS 缓冲液:称取 NaCl 8 g、KCl 0.2 g、$Na_2HPO_4$ 1.44 g 和 $KH_2PO_4$ 0.24 g 溶解于 800 mL 蒸馏水中,用 HCl 调 pH 至 7.4,加蒸馏水定容至 1 L,121 ℃灭菌 20 min,4 ℃储存。

(14)100 mmol/L IPTG:称取 IPTG 2.4 g,用蒸馏水定容至 100 mL。

(15)10×K Buffer:200 mmol/L Tris-HCl(pH 8.5)、100 mmol/L $MgCl_2$ 溶液、10 mmol/L 二硫苏糖醇、1mol/L KCl 溶液。

(16)平衡缓冲液:含有 0.3 mol/L NaCl 溶液,0.02 mol/L 咪唑-0.05 mol/L 磷酸钠缓冲液(pH 8.0)。

(17)洗脱缓冲液:含有 0.3 mol/L NaCl 溶液,0.5 mol/L 咪唑-0.05 mol/L 磷酸钠缓冲液(pH 8.0)。

(18)SDS-PAGE 所需试剂:见第五章实验 1-4。

(19)0.1 mol/L $CaCl_2$ 溶液。

二维码 5-2　绿色荧光蛋白融合蛋白的表达、纯化和表征

## 四、实验步骤

1. 大肠杆菌苹果酸脱氢酶 *mdh* 基因和绿色荧光蛋白 *sfGFP* 基因的克隆和融合。

(1)大肠杆菌苹果酸脱氢酶基因的获取和引物设计:从 GeneBank 中检索大肠杆菌来源 *mdh* 基因序列,根据序列设计一对合适的引物(P1 和 P2),引物长度在 22~30 nt。

(2)大肠杆菌基因组提取和苹果脱氢酶基因序列扩增:在 5 mL LB 培养基中过夜培养大肠杆 DH5a,12 000 r/min 收集 3~5 mL 菌体,PBS 缓冲液洗涤 3 次,弃上清液。

(3)使用细菌基因组快速提取试剂盒提取菌体基因组 DNA。

(4)按照表 5-7 体系进行 PCR *mdh* 基因扩增:扩增条件为:95 ℃预变性 5 min,95 ℃变性 1 min,55 ℃退火 35 s,72 ℃延伸 1 min,扩增 35 个循环后 72 ℃延伸 10 min。

表 5-7 ***mdh*** **基因 PCR 扩增反应体系**

| 试剂 | 体积/μL | 试剂 | 体积/μL |
|---|---|---|---|
| $ddH_2O$ | 30 | P2/(10 mmol · $L^{-1}$) | 2 |
| 10×PCR 缓冲液 | 5 | 基因组 DNA · μ$L^{-1}$ | 4 |
| 2.5 mmol/L dNTP 混合物 | 5 | *pf* μDNA 聚合酶/5 U · μ$L^{-1}$ | 2 |
| P1/(10 mmol · $L^{-1}$) | 2 | 总体积 | 50 |

(5)将扩增产物合并收集后，通过琼脂糖凝胶 DNA 回收试剂盒纯化、回收(具体步骤参照产品提供的说明书)。

(6)将回收得到的 *mdh* 基因片段连接到 pMD18-T 克隆载体(具体步骤参照 pMD18-T 试剂盒提供的操作说明)，获得 pMD18T-*mdh* 重组载体。

(7)将 pMD18T-*mdh* 重组载体转化至大肠杆菌 DH5a 中：将 100 ng 的重组载体和 25 μL DH5a 感受态细胞混合，冰浴 30 min 后，放入 42 ℃水浴锅热激 90 s，立刻再放回冰浴中孵育 3 min，补加 500 μL LB 培养基，37 ℃培养箱培养 1.5 h 复苏，取 200 μL 培养物涂布到含有 LB 培养基的琼脂平板上，置于 37 ℃培养箱中过夜培养。

(8)挑取含有 pMD18T-*mdh* 转化子的菌落，接种到含有 5 mL LB 培养基的试管中，加入 5 μL 氨苄西林，37 ℃，200 r/min 培养 10～12 h。

(9)pMD18T-*mdh* 重组质粒的提取：将培养后的 3～5 mL 重组转化子 12 000 r/min 离心 1 min，弃上清后，按照细菌质粒小提试剂盒操作说明提取重组质粒。

(10)重组质粒的酶切：将 pMD18T-*mdh* 和 pET24a(＋)-*sfGFP* 分别用 *Bam*H Ⅰ 和 *Hin*dⅢ进行酶切。然后通过琼脂糖凝胶电泳分离酶切产物，将含有 *mdh* 片段和 pET24a(＋)-*sfGFP* 酶切后的载体片段的电泳条带切下，利用上述琼脂糖凝胶 DNA 回收试剂盒回收这两个片段。利用微量核酸蛋白定量仪确定回收样品的浓度。

(11)*mdh* 片段和 pET24a(＋)-*sfGFP* 载体片段融合：利用 T4 DNA 连接酶将这两个片段连接在一起，实现 *sfGFP-mdh* 基因的融合，连接反应的体系如表 5-8 所示。

表 5-8 ***mdh*** **片段和 pET24a(＋)-*sfGFP* 载体融合体系**

| 试剂 | 体积/μL | 试剂 | 体积/μL |
|---|---|---|---|
| $ddH_2O$ | 5 | pET24a(＋)-*sfGFP* 线性化片段 | 2 |
| 10×ligation 缓冲液 | 2 | T4 DNA 连接酶/(5 U · μ$L^{-1}$) | 1 |
| *mhd* 片段 | 10 | 总体积 | 20 |

(12)重组载体的转化和扩增：将 20 μL 连接产物与 25 μL DH5a 感受态细胞混合，置于冰浴中 30 min，按照上述转化步骤完成质粒的转化和培养。

(13)挑取单克隆，接种到 5 mL LB 培养基中，37 ℃过夜培养。收集 3 mL 培养液，提取质粒(依照前述使用的方法，具体步骤参照质粒 DNA 小提试剂盒完成)。

(14)重组表达质粒的酶切验证：用 *Nde* Ⅰ 和 *Hin*d Ⅲ限制性内切酶消化提取的质粒，琼脂糖凝胶电泳检测与 *sfGFP-mdh* 融合后理论分子大小处的条带。酶切体系如表 5-9 所示。

表 5-9 重组表达质粒的酶切反应体系

| 试剂 | 体积/μL | 试剂 | 体积/μL |
|---|---|---|---|
| $ddH_2O$ | 14 | *Nde* Ⅰ | 1 |
| 10×K Buffer | 2 | *Hind*Ⅲ | 1 |
| pET24a(+)-*sfGFP-mdh* | 2 | 总体积 | 20 |

(15)琼脂糖凝胶电泳方法：将 0.2 g 琼脂糖粉和 10 mL 1×TAE 溶液混合，微波炉加热直至琼脂糖粉溶解，溶液澄清透亮，待冷却至 40 ℃左右时加入 GoldView 染料 2 μL，混匀后倒入制胶槽内，插入上样梳子，待琼脂糖完全凝固，拔出梳子，在孔中加入合适体积的样品。打开电源，调节电压至 100 V，直至前端染料移动至凝胶底端位置，关闭电源，拿出凝胶，转移至凝胶成像系统观察结果。

2. 融合蛋白重组表达菌株的构建、重组蛋白的表达

(1)将验证正确的融合蛋白表达质粒 pET24a(+)-*sfGFP-mdh* 转化入大肠杆菌 BL21(DE3)中(质粒的转化方法同前)。

(2)37 ℃培养 16～20 h 后，从平板上挑取单克隆，接种入 5 mL 含有 50 μg/mL 卡那霉素的 LB 培养基中，在 37 ℃，250 r/min，培养 12 h。

(3)将上述培养物按 1∶1 000 的比例接种入 20 mL 含有 50 μg/mL 卡那霉素的 LB 培养基中，37 ℃，250 r/min 培养 10 h 后，按 1∶100 的比例接种至含有 500 mL LB 培养液(50 μg/mL 卡那霉素)的烧瓶中，37 ℃，250 r/min，培养至 $A_{600}$ 达到 0.6～0.8，加入浓度 0.5 mmol/L 的 IPTG 开始诱导，降温至 30 ℃，诱导表达 20～24 h。

(4)10 000 r/min 离心，弃上清液，收集菌体，加入 200 mL PBS 缓冲液，重悬菌体，振荡 1 min，按此方法反复洗涤菌体 3 次，最后用 50 mL 镍柱层析平衡缓冲液重悬菌体。

(5)将重悬后的菌体置于冰上，在超声破碎仪中破碎菌体，至菌体清亮停止破碎。随后在 4 ℃，15 000 r/min 离心 30 min，取上清液，用 0.45 μm 过滤膜过滤除杂，置于冰上待纯化。

3. 使用 His-taq 纯化 sfGFP-MDH 融合蛋白

(1)将 1 mL 的 HisTrap 亲和层析柱接于蛋白纯化仪，洗泵后用 10 倍柱体积的平衡缓冲液平衡柱子。

(2)取 50 mL 样品上样，用 6 倍柱体积的平衡缓冲液将非特异性吸附的蛋白冲掉。

(3)采用咪唑浓度梯度洗脱，在 20 个柱体积内从平衡缓冲液连续过渡到洗脱缓冲液，收集样品方式采用按峰收集，每个离心管收集 2 mL。

(4)各取 40 μL 的收集样品与 10 μL 5×样品缓冲液混匀，100 ℃水浴 10 min。

取 10 μL 处理后的样品进行 SDS-PAGE 电泳分析。

4. SDS-PAGE 检测 sfGFP-MDH 重组蛋白。操作同实验第五章实验 1-4 SDS-PAGE 电泳，电泳完毕将凝胶置于凝胶成像系统中拍照，观察目标蛋白条带大小。

## 五、思考题

1. 常用的绿色荧光蛋白有几种？如何选择合适的绿色荧光蛋白作为融合蛋白？

2. 将 *sfGFP* 和 *mdh* 两个基因进行融合时，可使用多种不同的克隆策略。试举出 2 种不同克隆策略，并比较实际操作过程的优缺点。

# Appendix 附 录

## 一、生物化学实验须知

生物化学实验课是生物化学课程中的一个重要组成部分，通过实验可以加深对课程内容的理解、学习有关生物化学的基本方法和基本技术。

1. 实验室规则

（1）实验课必须提前 5 min 到实验室，不迟到，不早退。

（2）应自觉遵守课堂纪律，维护课堂秩序，保持室内安静，不得大声谈笑，不允许随便打电话。

（3）使用仪器、药品、试剂和各种物品必须注意节约，不要使用过量的药品和试剂。应特别注意保持药品和试剂的纯净，严防混杂污染。节约水电。勿将滤纸和称量纸作其他用处。试剂用完后应及时归放到试剂架上，便于别人使用，试剂瓶塞不得乱盖。

（4）实验台、试剂药品架必须保持整洁，仪器药品摆放井然有序。实验完毕，需将药品、试剂排列整齐，仪器洗净倒置放好，实验台面抹拭干净，经教师验收仪器后，方可离开实验室。

（5）使用和洗涤仪器时，应小心谨慎，防止损坏仪器。使用精密、贵重仪器时，应严格遵守操作规程，使用前应熟悉使用方法，大型仪器须经培训方可使用。使用时应遵守操作规程发现问题，应及时报告教师解决，不要自己动手检修。

（6）使用洗液时不得滴到桌面和地面上，要将洗涤仪器放在水槽内进行。

（7）注意安全。实验室内严禁吸烟。不能直接加热乙醇、丙酮、乙醚等易燃品，需要时要远离火源操作和放置。遇有火险，先切断电源，再用沙土和灭火器灭火，若衣服着火，用水浇或就地一滚。凡发生烟雾、有毒气体和有臭味气体的实验，均应在通风橱内进行。橱门应紧闭，非必要时勿开。用毕应随手关门，在温箱和冰箱内放物品、仪器、药品，必须注明存放人姓名。实验完毕，应立即关好水龙头，拉下电闸。离开实验室以前，应认真负责地进行检查，严防不安全事故的发生。进入实验室须穿实验服。

（8）在实验过程中要听从教师的指导，严肃认真地按操作规程进行实验，并简要、准确地将实验结果和数据记录在实验记录本上。实验完成后经教师检查同意，方可离开。课后写出实验报告，由学习委员收齐交给教师。

(9)废弃液体(强酸、强碱溶液必须先用水稀释)可倒入水槽内，同时用水冲走。废纸、火柴头及其他固体废弃物和带有渣滓沉淀的废弃物都应倒入垃圾桶内，不能倒入水槽或到处乱扔。

(10)仪器损坏时，应如实向教师报告，认真填写损坏仪器登记表，然后补偿一定金额。

(11)实验室内一切物品，未经本室负责教师批准，严禁携出室外，借物必须办理登记手续。

(12)每次实验，由学生轮流担任值日。值日生的工作是负责当天实验室的卫生、安全和一些服务性工作。

2. 实验记录及实验报告

实验课前应认真预习实验内容，将实验名称、目的、原理、实验内容、操作方法和步骤等简单扼要地写在记录本上。实验记录本应标上页数，不要撕去任何一页，更不要擦抹及涂改，写错时可以划去重写。记录时必须使用钢笔或圆珠笔，不得使用铅笔。

实验中观察到的现象、结果和得出的数据，应及时地直接记在记录本上，绝对不可以用单片纸做记录或草稿。原始记录必须准确、简练、详尽、清楚。从实验课开始就应养成这种良好的习惯。对实验的每个结果都应正确、无遗漏地做好记录。

实验中使用仪器的类型、编号以及试剂的规格、化学式、相对分子质量、准确的浓度等，都应记录清楚，以便在总结实验时进行核对，并作为查找成败原因的参考依据。

## 二、实验室常用酸碱的相对密度和浓度

| 名称 | 分子式 | Mr | 相对密度 | 质量百分浓度/% | 物质的量浓度/(mol/L) |
|---|---|---|---|---|---|
| 盐酸 | HCl | 36.47 | 1.19 | 37.2 | 12.0 |
| | | | 1.18 | 35.2 | 11.3 |
| | | | 1.10 | 20.0 | 6.0 |
| 硝酸 | $HNO_3$ | 63.02 | 1.43 | 71.0 | 16.0 |
| | | | 1.41 | 65.6 | 14.5 |
| | | | 1.37 | 61.0 | 13.3 |
| 硫酸 | $H_2SO_4$ | 98.10 | 1.84 | 95.3 | 18.0 |
| 高氯酸 | $HClO_4$ | 100.50 | 1.67 | 70.0 | 11.6 |
| | | | 1.54 | 60.0 | 9.2 |
| 磷酸 | $H_3PO_4$ | 98.00 | 1.70 | 85.0 | 18.1 |
| 醋酸 | $CH_3COOH$ | 60.50 | 1.05 | 99.5 | 17.4 |
| | | | 1.08 | 80.0 | 14.3 |
| 氨水 | $NH_3 \cdot H_2O$ | 30.05 | 0.90 | 27.0 | 14.3 |
| | | | 0.91 | 25.0 | 13.4 |
| | | | 0.96 | 10.0 | 5.4 |
| 氢氧化钠 | NaOH | 40.00 | 1.53 | 50.0 | 19.1 |
| | | | 1.11 | 10.0 | 2.75 |

续表

| 名称 | 分子式 | Mr | 相对密度 | 质量百分浓度/% | 物质的量浓度/(mol/L) |
|---|---|---|---|---|---|
| 氢氧化钾 | KOH | 56.1 | 1.52 | 50 | 13.5 |
| | | | 1.09 | 10 | 1.94 |

## 三、常用酸碱指示剂

| 名称 | pK | pH | 颜色变化 | | 配制方法:称取 0.1 g 溶于 250 mL 下列溶剂 |
|---|---|---|---|---|---|
| | | | 酸 | 碱 | |
| 甲酚红(酸) | | 0.2~1.8 | 红 | 黄 | 水(含 2.62 mL 0.1 mol/L NaOH) |
| 百里酚蓝(麝香草酚蓝) | 1.5 | 1.2~2.8 | 红 | 黄 | 水(含 2.15 mL 0.1 mol/L NaOH) |
| 甲基黄 | 3.25 | 2.0~4.0 | 红 | 黄 | 95%乙醇 |
| 甲基橙 | 3.46 | 3.1~4.4 | 红 | 橙黄 | 水(含 3 mL 0.1 mol/L NaOH) |
| 溴酚蓝 | 3.85 | 2.8~4.6 | 黄 | 蓝紫 | 水或 20%乙醇(含 1.49 mL 0.1 mol/L NaOH) |
| 溴甲酚绿(溴甲酚蓝) | 4.66 | 3.8~5.4 | 黄 | 蓝 | 水(含 1.43 mL 0.1 mol/L NaOH) |
| 甲基红 | 5.00 | 4.3~6.1 | 红 | 黄 | 水(指示剂为钠盐)60%乙醇(指示剂为游离酸) |
| 氯酚红 | 6.05 | 4.8~6.4 | 黄 | 紫红 | 水(含 2.36 mL 0.1 mol/L NaOH) |
| 溴甲酚紫 | 6.12 | 5.2~6.8 | 黄 | 红紫 | 水或 20%乙醇(含 1.85 mL 0.1 mol/L NaOH) |
| 石蕊 | | 5.0~8.9 | 红 | 蓝 | 水 |
| 酚红 | 7.81 | 6.8~8.4 | 黄 | 红 | 水(含 2.82 mL 0.1 mol/L NaOH) |
| 中性红 | 7.4 | 6.8~8.0 | 红 | 橙棕 | 70%乙醇 |
| 酚酞 | 9.70 | 8.3~10.0 | 无色 | 粉红 | 70%乙醇 |

## 四、缓冲液的配制

### 1. 磷酸氢二钠-柠檬酸缓冲液

| pH | 0.2 mol/L $Na_2HPO_4$/mL | 0.1 mol/L 柠檬酸/mL | pH | 0.2 mol/L, $Na_2HPO_4$/mL | 0.1 mol/L 柠檬酸/mL |
|---|---|---|---|---|---|
| 2.2 | 0.40 | 19.60 | 4.0 | 7.71 | 12.29 |
| 2.4 | 1.24 | 18.76 | 4.2 | 8.28 | 11.72 |
| 2.6 | 2.18 | 17.82 | 4.4 | 8.82 | 11.18 |
| 2.8 | 3.17 | 16.83 | 4.6 | 9.25 | 10.65 |
| 3.0 | 4.11 | 15.89 | 4.8 | 9.86 | 10.14 |
| 3.2 | 4.94 | 15.06 | 5.0 | 10.30 | 9.7 |
| 3.4 | 5.70 | 14.30 | 5.2 | 10.72 | 9.28 |
| 3.6 | 6.44 | 13.56 | 5.4 | 11.15 | 8.85 |
| 3.8 | 7.10 | 12.90 | 5.6 | 11.60 | 8.40 |

续表

| pH | 0.2 mol/L $Na_2HPO_4$/mL | 0.1 mol/L 柠檬酸/mL | pH | 0.2 mol/L, $Na_2HPO_4$/mL | 0.1 mol/L 柠檬酸/mL |
|---|---|---|---|---|---|
| 5.8 | 12.09 | 7.91 | 7.0 | 16.47 | 3.53 |
| 6.0 | 12.63 | 7.37 | 7.2 | 17.39 | 2.61 |
| 6.2 | 13.22 | 6.78 | 7.4 | 18.17 | 1.83 |
| 6.4 | 13.85 | 6.15 | 7.6 | 18.73 | 1.27 |
| 6.6 | 14.55 | 5.45 | 7.8 | 19.15 | 0.85 |
| 6.8 | 15.45 | 4.55 | 8.0 | 19.45 | 0.55 |

注：$Na_2HPO_4$ $M_r$=141.98；0.2 mol/L 溶液为 28.40 g/L。

$Na_2HPO_4 \cdot 2H_2O$ $M_r$=178.05；0.2 mol/L 溶液为 35.61 g/L。

$Na_2HPO_4 \cdot 12H_2O$ $M_r$=358.22；0.2 mol/L 溶液为 71.64 g/L。

柠檬酸($C_6H_8O_7$)·$H_2O$ $M_r$=210.14；0.1 mol/L 溶液为 21.01 g/L。

2. 柠檬酸-柠檬酸钠缓冲液(0.1 mol/L)

| pH | 0.1 mol/L 柠檬酸/mL | 0.1 mol/L 柠檬酸钠/mL | pH | 0.1 mol/L 柠檬酸/mL | 0.1 mol/L 柠檬酸钠/mL |
|---|---|---|---|---|---|
| 3.0 | 18.6 | 1.4 | 5.0 | 8.2 | 11.8 |
| 3.2 | 17.2 | 2.8 | 5.2 | 7.3 | 12.7 |
| 3.4 | 16.0 | 4.0 | 5.4 | 6.4 | 13.6 |
| 3.6 | 14.9 | 5.1 | 5.6 | 5.5 | 14.5 |
| 3.8 | 14.0 | 6.0 | 5.8 | 4.7 | 15.3 |
| 4.0 | 13.1 | 6.9 | 6.0 | 3.8 | 16.2 |
| 4.2 | 12.3 | 7.7 | 6.2 | 2.8 | 17.2 |
| 4.4 | 11.4 | 8.6 | 6.4 | 2.0 | 18.0 |
| 4.6 | 10.3 | 9.7 | 6.6 | 1.4 | 18.6 |
| 4.8 | 9.2 | 10.8 | | | |

注：柠檬酸($C_6H_8O_7$)·$H_2O$ $M_r$=210.14；0.1 mol/L 溶液为 21.01 g/L。

柠檬酸钠($Na_3C_6H_5O_7$)·$2H_2O$ $M_r$=294.10；0.1 mol/L 溶液为 29.41 g/L。

3. 醋酸缓冲液(0.2 mol/L)

| pH (18 ℃) | 0.2 mol/L NaAc/mL | 0.2 mol/L HAc/mL | pH (18 ℃) | 0.2 mol/L NaAc/mL | 0.2 mol/L HAc/mL |
|---|---|---|---|---|---|
| 3.6 | 0.75 | 9.25 | 4.8 | 5.90 | 4.10 |
| 3.8 | 1.20 | 8.80 | 5.0 | 7.00 | 3.00 |
| 4.0 | 1.80 | 8.20 | 5.2 | 7.90 | 2.10 |
| 4.2 | 2.65 | 7.35 | 5.4 | 8.60 | 1.40 |
| 4.4 | 3.70 | 6.30 | 5.6 | 9.10 | 0.90 |
| 4.6 | 4.90 | 5.10 | 5.8 | 9.40 | 0.60 |

注：NaAc·$3H_2O$ $M_r$=136.09；0.2 mol/L 溶液为 27.22 g/L。

4. 磷酸缓冲液(0.2 mol/L)

| pH | 0.2 mol/L $Na_2HPO_4$/mL | 0.2 mol/L $NaH_2PO_4$/mL | pH | 0.2 mol/L $Na_2HPO_4$/mL | 0.2 mol/L $NaH_2PO_4$/mL |
|---|---|---|---|---|---|
| 5.8 | 8.0 | 92.0 | 7.0 | 61.0 | 39.0 |
| 5.9 | 10.0 | 90.0 | 7.1 | 67.0 | 33.0 |
| 6.0 | 12.3 | 87.7 | 7.2 | 72.0 | 28.0 |
| 6.1 | 15.0 | 85.0 | 7.3 | 77.0 | 23.0 |
| 6.2 | 18.5 | 81.5 | 7.4 | 81.0 | 19.0 |
| 6.3 | 22.5 | 77.5 | 7.5 | 84.0 | 16 |
| 6.5 | 31.5 | 68.5 | 7.7 | 89.5 | 10.5 |
| 6.6 | 37.5 | 62.5 | 7.8 | 91.5 | 8.5 |
| 6.7 | 43.5 | 56.5 | 7.9 | 93.0 | 7.0 |
| 6.8 | 49.0 | 51.0 | 8.0 | 94.5 | 5.3 |
| 6.9 | 55.0 | 45.0 | | | |

注：$Na_2HPO_4 \cdot 2H_2O$ $M_r$=178.05；0.2 mol/L 溶液为 35.61 g/L。

$Na_2HPO_4 \cdot 12H_2O$ $M_r$=358.22；0.2 mol/L 溶液为 71.64 g/L。

$NaH_2PO_4 \cdot H_2O$ $M_r$=138.01；0.2 mol/L 溶液为 27.6 g/L。

$NaH_2PO_4 \cdot 2H_2O$ $M_r$=156.03；0.2 mol/L 溶液为 31.21 g/L。

5. 磷酸氢二钠-磷酸二氢钾缓冲液(1/15 mol/L)

| pH | 1/15 mol/L $Na_2HPO_4$/mL | 1/15 mol/L $KH_2PO_4$/mL | pH | 1/15 mol/L $Na_2HPO_4$/mL | 1/15 mol/L $KH_2PO_4$/mL |
|---|---|---|---|---|---|
| 4.92 | 0.10 | 9.90 | 7.17 | 7.00 | 3.00 |
| 5.29 | 0.50 | 9.50 | 7.38 | 8.00 | 2.00 |
| 5.91 | 1.00 | 9.00 | 7.73 | 9.00 | 1.00 |
| 6.24 | 2.00 | 8.00 | 8.04 | 9.50 | 0.50 |
| 6.47 | 3.00 | 7.00 | 8.34 | 9.75 | 0.25 |
| 6.64 | 4.00 | 6.00 | 8.67 | 9.90 | 0.10 |
| 6.81 | 5.00 | 5.00 | 8.18 | 10.00 | 0 |
| 6.98 | 6.00 | 4.00 | | | |

注：$Na_2HPO_4 \cdot 2H_2O$ $M_r$=178.05；1/15 mol/L 溶液为 11.876 g/L。

$KH_2PO_4 \cdot 2H_2O$ $M_r$=172.12；1/15 mol/L 溶液为 11.475 g/L。

6. $KH_2PO_4$-NaOH 缓冲液(0.05 mol/L)

$X$ mL 0.2 mol/L $KH_2PO_4$ + $Y$ mL 0.2 mol/L NaOH,加蒸馏水稀释至 20 mL

| pH(20 ℃) | X/mL | Y/mL | pH(20 ℃) | X/mL | Y/mL |
|---|---|---|---|---|---|
| 5.8 | 5 | 0.372 | 7.0 | 5 | 2.963 |
| 6.0 | 5 | 0.570 | 7.2 | 5 | 3.500 |
| 6.2 | 5 | 0.860 | 7.4 | 5 | 3.950 |
| 6.4 | 5 | 1.260 | 7.6 | 5 | 4.280 |
| 6.6 | 5 | 1.780 | 7.8 | 5 | 4.520 |
| 6.8 | 5 | 2.365 | 8.0 | 5 | 4.680 |

7. 磷酸氢二钠-氢氧化钠缓冲液

50 mL 0.05 mol/L 磷酸氢二钠 + $X$ mL 0.1 mol/L 氢氧化钠,加水稀释到 100 mL

| pH | X/mL | pH | X/mL | pH | X/mL |
|---|---|---|---|---|---|
| 10.9 | 3.3 | 11.3 | 7.6 | 11.7 | 16.2 |
| 11.0 | 4.1 | 11.4 | 9.1 | 11.8 | 19.4 |
| 11.1 | 5.1 | 11.5 | 11.1 | 11.9 | 23.0 |
| 11.2 | 6.3 | 11.6 | 13.5 | 12.0 | 26.9 |

注:磷酸氢二钠($NaHPO_4 \cdot 2H_2O$) $M_r$=178.05;0.05 mol/L 溶液为 8.90 g/L。

磷酸氢二钠($Na_2HPO_4 \cdot 12H_2O$) $M_r$=358.22;0.05 mol/L 溶液为 17.91 g/L。

8. Tris-缓冲液(0.05 mol/L)

$X$ mL 0.2 mol/L 三羟甲基氨基甲烷 + $Y$ mL 0.1 mol/L HCl,加蒸馏水稀释至 100 mL

| pH | | X/mL | Y/mL | pH | | X/mL | Y/mL |
|---|---|---|---|---|---|---|---|
| (18 ℃) | (37 ℃) | | | (18 ℃) | (37 ℃) | | |
| 9.10 | 8.95 | 25 | 5 | 8.05 | 7.90 | 25 | 27.5 |
| 8.92 | 8.78 | 25 | 7.5 | 7.96 | 7.82 | 25 | 30.0 |
| 8.74 | 7.60 | 25 | 10.0 | 7.87 | 7.73 | 25 | 32.5 |
| 8.62 | 8.48 | 25 | 12.5 | 7.77 | 7.63 | 25 | 35.0 |
| 8.50 | 8.37 | 25 | 15.0 | 7.66 | 7.52 | 25 | 37.5 |
| 8.40 | 8.27 | 25 | 17.5 | 7.54 | 7.40 | 25 | 40.0 |
| 8.32 | 8.18 | 25 | 20.0 | 7.36 | 7.22 | 25 | 42.5 |
| 8.23 | 8.10 | 25 | 22.5 | 7.20 | 7.05 | 25 | 45.0 |
| 8.12 | 8.00 | 25 | 25.0 | | | | |

注:三羟甲基氨基甲烷

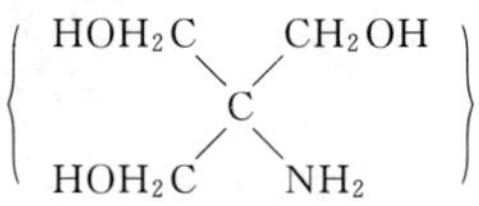


$M_r$=121.4;0.2 mol/L 溶液为 24.28 g/L。

9. 碳酸氢钠-氢氧化钠缓冲液(0.025 mol/L 碳酸氢钠)

50 mL 0.05 mol/L 碳酸氢钠+*X* mL 0.1 mol/L 氢氧化钠,加水稀释到 100 mL

| pH | *X*/mL | pH | *X*/mL | pH | *X*/mL |
|---|---|---|---|---|---|
| 9.6 | 5.0 | 10.1 | 12.2 | 10.6 | 19.1 |
| 9.7 | 6.2 | 10.2 | 13.8 | 10.7 | 20.2 |
| 9.8 | 7.6 | 10.3 | 15.2 | 10.8 | 21.2 |
| 9.9 | 9.1 | 10.4 | 16.5 | 10.9 | 22.0 |
| 10.0 | 10.7 | 10.5 | 17.8 | 11.0 | 22.7 |

注:碳酸氢钠 $M_r$=84.0;0.05 mol/L 溶液为 4.20 g/L。

10. 碳酸钠-碳酸氢钠缓冲液(0.1 mol/L)

| pH | | 0.1 mol/L | 0.1 mol/L | pH | | 0.1 mol/L | 0.1 mol/L |
|---|---|---|---|---|---|---|---|
| (20 ℃) | (37 ℃) | $Na_2CO_3$/mL | $NaHCO_3$/mL | (20 ℃) | (37 ℃) | $Na_2CO_3$/mL | $NaHCO_3$/mL |
| 9.16 | 8.77 | 1 | 9 | 10.14 | 9.90 | 6 | 4 |
| 9.40 | 9.12 | 2 | 8 | 10.28 | 10.08 | 7 | 3 |
| 9.51 | 9.40 | 3 | 7 | 10.53 | 10.28 | 8 | 2 |
| 9.78 | 9.50 | 4 | 6 | 10.83 | 10.57 | 9 | 1 |
| 9.90 | 9.72 | 5 | 5 | | | | |

注:$Na_2CO_3 \cdot 10H_2O$ $M_r$=286.2;0.1 mol/L 溶液为 28.62 g/L。
$NaHCO_3$ $M_r$=84.0;0.1 mol/L 溶液为 840 g/L。$Ca^{2+}$、$Mg^{2+}$存在时不得使用。

11. 邻苯二甲酸氢钾-HCl 缓冲液(0.05 mol/L)

*X* mL 0.2 mol/L 邻苯二甲酸氢钾+Y mL 0.2 mol/L HCl,加水稀释至 20 mL

| pH(20 ℃) | *X*/mL | *Y*/mL | pH(20 ℃) | *X*/mL | *Y*/mL |
|---|---|---|---|---|---|
| 2.2 | 5 | 4.670 | 3.2 | 5 | 1.470 |
| 2.4 | 5 | 3.960 | 3.4 | 5 | 0.990 |
| 2.6 | 5 | 3.295 | 3.6 | 5 | 0.597 |
| 2.8 | 5 | 2.642 | 3.8 | 5 | 0.263 |
| 3.0 | 5 | 2.032 | | | |

注:邻苯二甲酸氢钾 $M_r$=23;0.2 mol/L 溶液为 40.85 g/L。

12. 邻苯二甲酸氢钾-氢氧化钠缓冲液

50 mL 0.1 mol/L 邻苯二甲酸氢钾＋*X* mL 0.1 mol/L 氢氧化钠，加水稀释至 100 mL

| pH | X/mL | pH | X/mL | pH | X/mL |
|---|---|---|---|---|---|
| 4.1 | 1.3 | 4.8 | 16.5 | 5.5 | 36.6 |
| 4.2 | 3.0 | 4.9 | 19.4 | 5.6 | 38.8 |
| 4.3 | 4.7 | 5.0 | 22.6 | 5.7 | 40.6 |
| 4.4 | 6.6 | 5.1 | 25.5 | 5.8 | 42.3 |
| 4.5 | 8.7 | 5.2 | 28.8 | 5.9 | 43.7 |
| 4.6 | 11.1 | 5.3 | 31.6 | | |
| 4.7 | 13.6 | 5.4 | 34.1 | | |

注：邻苯二甲酸氢钾 $M_r$＝204.23；0.1 mol/L 溶液为 20.43 g/L。

13. 甘氨酸-盐酸缓冲液（0.05 mol/L）

*X* mL 0.2 mol/L 甘氨酸＋*Y* mL 0.2 mol/L HCl，加水稀释至 200 mL

| pH | X/mL | Y/mL | pH | X/mL | Y/mL |
|---|---|---|---|---|---|
| 2.2 | 50 | 44.0 | 3.0 | 50 | 11.4 |
| 2.4 | 50 | 32.4 | 3.2 | 50 | 8.2 |
| 2.6 | 50 | 24.2 | 3.4 | 50 | 6.4 |
| 2.8 | 50 | 16.8 | 3.6 | 50 | 5.0 |

注：甘氨酸 $M_r$＝75.07；0.2 mol/L 溶液为 15.01 g/L。

14. 甘氨酸-NaOH 缓冲液（0.05 mol/L）

*X* mL 0.2 mol/L 甘氨酸＋*Y* mL 0.2 mol/L NaOH，加蒸馏水稀释至 200 mL

| pH | X/mL | Y/mL | pH | X/mL | Y/mL |
|---|---|---|---|---|---|
| 8.6 | 50 | 4.0 | 9.6 | 50 | 22.4 |
| 8.8 | 50 | 6.0 | 9.8 | 50 | 27.2 |
| 9.0 | 50 | 8.8 | 10.0 | 50 | 32.0 |
| 9.2 | 50 | 12.0 | 10.4 | 50 | 38.6 |
| 9.4 | 50 | 16.8 | 10.6 | 50 | 45.5 |

注：甘氨酸 $M_r$＝75.07；0.2 mol/L 溶液为 15.01 g/L。

15. 硼酸缓冲液(0.2 mol/L 硼酸盐)

| pH | 0.05 mol/L 硼砂/mL | 0.2 mol/L 硼酸/mL | pH | 0.05 mol/L 硼砂/mL | 0.2 mol/L 硼酸/mL |
|---|---|---|---|---|---|
| 7.4 | 1.0 | 9.0 | 8.2 | 3.5 | 6.5 |
| 7.6 | 0.5 | 8.5 | 8.4 | 4.5 | 5.5 |
| 7.8 | 2.0 | 8.0 | 8.7 | 6.0 | 4.0 |
| 8.0 | 3.0 | 7.0 | 9.0 | 8.0 | 2.0 |

注:硼砂 $Na_2B_4O_7 \cdot 10H_2O$ $M_r=381.43$;0.05 mol/L 溶液为 19.07 g/L。

硼酸 $M_r=61.84$;0.2 mol/L 溶液为 1.37 g/L。

硼砂易失去结晶水,必须在带塞的瓶中保存,硼砂溶液也可以用半中和的硼酸溶液代替。

16. 硼砂-NaOH 缓冲液(0.05 mol/L 硼酸根)

$X$ mL 0.05 mol/L 硼砂+$Y$ mL 0.2 mol/L NaOH,加蒸馏水稀释至 200 mL

| pH | $X$/mL | $Y$/mL | pH | $X$/mL | $Y$/mL |
|---|---|---|---|---|---|
| 9.3 | 50 | 0.0 | 9.8 | 50 | 34.0 |
| 9.4 | 50 | 11.0 | 10.0 | 50 | 43.0 |
| 9.6 | 50 | 23.0 | 10.1 | 50 | 46.0 |

17. 巴比妥钠-盐酸缓冲液(18 ℃)

| pH (18 ℃) | 0.04 mol/L 巴比妥钠盐/mL | 0.2 mol/L HCl/mL | pH (18 ℃) | 0.04 mol/L 巴比妥钠盐/mL | 0.2 mol/L HCl/mL |
|---|---|---|---|---|---|
| 6.8 | 100 | 18.4 | 8.4 | 100 | 5.21 |
| 7.0 | 100 | 17.8 | 8.6 | 100 | 3.82 |
| 7.2 | 100 | 16.7 | 8.8 | 100 | 2.52 |
| 7.4 | 100 | 15.3 | 9.0 | 100 | 1.65 |
| 7.6 | 100 | 13.4 | 9.2 | 100 | 1.13 |
| 7.8 | 100 | 11.47 | 9.4 | 100 | 0.70 |
| 8.0 | 100 | 9.39 | 9.6 | 100 | 0.35 |
| 8.2 | 100 | 7.21 | | | |

注:巴比妥钠盐 $M_r=206.2$;0.04 mol/L 溶液为 8.25 g/L。

18. 氯化钾-氢氧化钠缓冲液

25 mL 0.2 mol/L 氯化钾+$X$ mL 0.2 mol/L 氢氧化钠,加水稀释到 100 mL

| pH | $X$/mL | pH | pH | $X$/mL |
|---|---|---|---|---|
| 12.0 | 6.0 | 12.4 | 12.8 | 41.2 |
| 12.1 | 8.0 | 12.5 | 12.9 | 53.0 |
| 12.2 | 10.2 | 12.6 | 13.0 | 66.0 |
| 12.3 | 12.8 | 12.7 | | |

注:氯化钾 $M_r=74.55$;0.2 mol/L 溶液为 14.91 g/L。

19. pH 计标准缓冲液的配制

pH 计用的标准缓冲液要求：有较大的稳定性，较小的温度依赖性，其试剂易于提纯

常用标准缓冲液的配制方法如下：

(1)pH＝4.00(10～20 ℃)

将邻苯二甲酸氢钾在 105 ℃干燥 1 h 后，称取 5.07 g 加重蒸馏水溶解至 500 mL。

(2)pH＝6.88(20 ℃)

称取在 130 ℃干燥 2 h 的 3.401 磷酸二氢钾($KH_2PO_4$)，8.95 g 磷酸氢二钠($Na_2HPO_4 \cdot 12H_2O$)或 3.549 g 无水磷酸氢二钠($Na_2HPO_4$)，加重蒸馏水溶解至 500 mL。

(3)pH＝9.18(25 ℃)

称取 3.814 4 g 四硼酸钠($Na_2B_4O_7 \cdot 10H_2O$)或 2.02 g 无水四硼酸钠($Na_2B_4O_7$)，加重蒸馏水溶解至 100 mL。

不同温度时标准缓冲液的 pH

| | 酸性酒石酸钾(25 ℃时饱和) | 0.05 mol/L 邻苯二甲酸氢钾 | 0.025 mol/L 磷酸二氢钾 0.025 mol/L 磷酸氢二钠 | 0.008 7 mol/L 磷酸二氢钾 0.030 2 mol/L 磷酸氢二钠 | 0.01 mol/L 硼砂 |
|---|---|---|---|---|---|
| 0 | — | 4.01 | 6.98 | 7.53 | 9.46 |
| 10 | — | 4.00 | 6.92 | 7.47 | 9.33 |
| 15 | — | 4.00 | 6.90 | 7.45 | 9.27 |
| 20 | — | 4.00 | 6.88 | 7.43 | 9.23 |
| 25 | 3.56 | 4.01 | 6.86 | 7.41 | 9.18 |
| 30 | 3.55 | 4.02 | 6.85 | 7.40 | 9.14 |
| 38 | 3.55 | 4.03 | 6.84 | 7.38 | 9.08 |
| 40 | 3.55 | 4.04 | 6.84 | 7.38 | 9.07 |
| 50 | 3.55 | 4.06 | 6.83 | 7.37 | 9.01 |

## 五、生物化学中某些重要化合物的 $M_r$ 及 pK 值

| 化合物名称 | $M_r$ | $pK_1$ | $pK_2$ | $pK_3$ | $pK_4$ |
|---|---|---|---|---|---|
| 乙醛 | 44.05 | 1.10 | — | — | — |
| 乙酸 | 60.05 | 4.76 | — | — | — |
| β-丙氨酸 | 189.09 | 3.60 | 10.19 | — | — |
| 2-氨基-2-甲基-1-丙醇 | 89.14 | 9.9 | — | — | — |
| 氢氧化铵 | 35.05 | 9.26 | — | — | — |
| 抗坏血酸 | 176.12 | 4.17 | 11.57 | — | — |
| 砷酸 | 150.93 | 2.3 | 4.4 | 9.2 | — |
| 天冬氨酸 | 133.1 | 2.10 | 3.86 | 9.82 | — |

续表

| 化合物名称 | $M_r$ | $pK_1$ | $pK_2$ | $pK_3$ | $pK_4$ |
|---|---|---|---|---|---|
| 5-腺苷三磷酸 | 623 | 4.1 | 6.1 | 6.3 | 6.5 |
| 巴比妥酸 | 128.09 | 4.00 | 12.5 | — | — |
| 苯甲酸 | 122.12 | 5.20 | — | — | — |
| N,N-二(2-羟乙基)甘氨酸 | 163.2 | 8.35 | — | — | — |
| 硼酸 | 61.84 | 9.23 | — | — | — |
| 碳酸 | 63.0 | 6.1 | 9.8 | — | — |
| 柠檬酸 | 210.14 | 3.08 | 4.75 | 5.40 | — |
| 半胱氨酸 | 175.6 | 1.71 | 8.33 | 10.78 | — |
| 烟酰胺腺嘌呤二核苷酸 | 735 | 3.7 | — | — | — |
| 乙二胺四乙酸 | 416.2 | 0.26 | 0.96 | 2.67 | 2.70 |
| 甲酸 | 46.03 | 3.77 | — | — | — |
| 反丁烯二酸 | 116.07 | 3.00 | 4.52 | — | — |
| 谷氨酸 | 183.6 | 2.10 | 4.07 | 9.47 | — |
| 戊二酸 | 132.11 | 4.3 | 5.54 | — | — |
| 甘氨酸 | 75.07 | 2.35 | 9.78 | — | — |

* $pK_5$(N),6.16;$pK_6$(N),10.26。

| 化合物名称 | $M_r$ | $pK_1$ | $pK_2$ | $pK_3$ | $pK_4$ |
|---|---|---|---|---|---|
| 甘氨酰甘氨酸 | 132.12 | 3.14 | 8.07 | — | — |
| HEPES | 238.3 | 7.55 | — | — | — |
| 组氨酸 | 209.65 | 1.77 | 6.10 | 9.18 | — |
| 肼 | 32.05 | 8.07 | | | — |
| 盐酸 | 36.46 | −0.47 | — | — | — |
| 羟胺 | 69.50 | 5.97 | — | — | — |
| 咪唑 | 68.08 | 7.07 | — | — | — |
| 乳酸 | 90.08 | 3.86 | — | — | — |
| 赖氨酸 | 182.66 | 2.18 | 8.95 | 10.53 | — |
| 顺丁烯二酸 | 116.07 | 1.83 | 6.58 | — | — |
| 苹果酸 | | 3.40 | 5.02 | | — |
| 丙二酸 | 104.06 | 2.80 | 5.68 | — | — |
| 巯基乙酸 | 92.1 | 3.67 | 10.31 | — | — |
| 巯基乙醇 | 78.1 | 9.5 | — | — | — |
| MES | 195 | 6.15 | — | — | — |
| MOPS | 209.3 | 7.15 | — | — | — |

续表

| 化合物名称 | $M_r$ | $pK_1$ | $pK_2$ | $pK_3$ | $pK_4$ |
|---|---|---|---|---|---|
| 硝酸 | 63.02 | -1.3 | — | — | — |
| 草酸 | 126.07 | 1.19 | 4.21 | — | — |
| 酚 | 94.11 | 10.0 | — | — | — |
| 磷酸烯醇丙酮酸 | 465 | — | 3.5 | 6.4 | — |
| 2-磷酸甘油 | 483 | 1.42 | 3.6 | 7.1 | — |
| 磷酸 | 98.04 | 1.96 | 7.12 | 12.32 | — |
| 邻苯二甲酸 | 166.13 | 2.90 | 5.51 | — | — |
| PIPES | 151 | 6.8 | — | — | — |
| 丙酸 | 74.08 | 4.8 | — | — | — |
| 吡啶 | 79.1 | 5.14 | — | — | — |
| 丙酮酸 | 110.1 | 0.59 | — | — | — |
| 核黄素 | 376.4 | 9.93 | — | — | — |
| 水杨酸 | 138.12 | 3.0 | — | — | — |
| 硫酸 | 98.08 | -3.0 | 1.9 | — | — |
| 酒石酸 | 150.09 | 2.95 | 4.16 | — | — |
| TES | 229.2 | 7.5 | — | — | — |
| 烟酰胺腺嘌呤二核苷酸磷酸 | 837 | 3.7 | — | — | — |
| Tris | 121.14 | 8.14 | — | — | — |
| 尿素 | 60.66 | 0.18 | — | — | — |
| 二乙基巴比妥酸 | 184.19 | 7.43 | — | — | — |

## 六、氨基酸的一些物理常数

| 中文名称 | 英文名称（缩写及单字符号） | $M_r$ | 熔点 m.p.（℃） | 溶解度 | 等电点 pI | $pK_a$（25 ℃） |
|---|---|---|---|---|---|---|
| DL-丙氨酸 | DL-alanine(Ala,A) | 89.09 | 295d | 16.6 | 6.00 | (1)2.35<br>(2)9.69 |
| L-丙氨酸 | L-alanine(Ala,A) | 89.09 | 297d | 16.65 | 6.00 | |
| DL-精氨酸 | DL-arginine(Arg,R) | 174.20 | 238d | | 10.76 | (1)2.17(COOH)<br>(2)9.04($NH_2$)<br>(3)12.48(胍基) |
| L-精氨酸 | L-arginine(Arg,R) | 174.20 | 244d | $15.0^{21}$ | 10.76 | |
| DL-天冬酰胺 | DL-asparagine<br>(Asp-$NH_2$)(*Asn*,*N*) | 132.12 | 213～215d | 2.16 | | (1)2.02<br>(2)8.8 |
| L-天冬酰胺 | L-asparagine<br>(Asp-$NH_2$)(*Asn*,*N*) | 132.12 | 236d | 2.989 | | |

续表

| 中文名称 | 英文名称<br>(缩写及单学符号) | $M_r$ | 熔点 m. p.<br>(℃) | 溶解度 | 等电点<br>pI | $pK_a$<br>(25 ℃) |
|---|---|---|---|---|---|---|
| L-天冬氨酸 | L-aspartic acid(Asp,D) | 133.10 | 269～271 | 0.5 | 2.77 | (1)2.09(a-COOH)<br>(2)3.86(β-COOH)<br>(3)9.82($NH_2$) |
| L-瓜氨酸 | L-citrulline(Cit) | 175.19 | 234～237d | 易溶 | | |
| L-半胱氨酸 | L-cysteine(Cys,C) | 121.15 | | 易溶 | 5.07 | (1)1.71<br>(2)8.33($NH_2$)<br>(3)10.78(SH) |
| DL-半胱氨酸 | DL-cysteine(Cyss) | 240.29 | 260 | 0.0049 | 5.05 | (1)1.65<br>(2)2.26<br>(3)7.85<br>(4)9.85 |
| L-胱氨酸 | L-cysteine(Cyss) | 240.29 | 258～261d | 0.011 | 5.05 | |
| DL-谷氨酸 | DL-glutamic acid<br>(Glu,E) | 147.13 | 225～227d | 2.054 | 3.22 | (1)2.19<br>(2)4.25<br>(3)9.67 |
| L-谷氨酸 | L-glutamic acid(Glu,E) | 147.13 | 247～249d | 0.864 | 3.22 | |
| L-谷氨酰胺 | L-glutamine<br>(Glu-$NH_2$)(GIn,Q) | 146.15 | 184～185 | 4.25 | | (1)2.17<br>(2)9.13 |
| 甘氨酸 | Glycine(Gly,G) | 75.07 | 292d | 24.99 | 5.97 | (1)2.34<br>(2)9.6 |
| DL-组氨酸 | DL-histidine(His,H) | 155.16 | 285～286d | 易溶 | | (1)1.82(COOH)<br>(2)6.0(咪唑基)<br>(3)9.17($NH_2$) |
| L-组氨酸 | L-histidine(His,H) | 155.16 | 277d | 4.16 | | |
| L-羟脯氨酸 | L-hydroxyproline<br>(Pro-OH)(Hyp) | 131.13 | 270d | 36.11 | 5.83 | (1)1.92<br>(2)9.73 |

* d代表达到熔点后分解。

** 在25 ℃于100 g水中溶解的克数。特殊的温度条件则注明在右上角。

| 中文名称 | 英文名称<br>(缩写及单学符号) | $M_r$ | 熔点 m. p.<br>(℃) | 溶解度 | 等电点<br>pI | $pK_a$<br>(25℃) |
|---|---|---|---|---|---|---|
| DL-异亮氨酸 | DL-isoleucine(lle,I) | 131.17 | 292d | 2.229 | 6.02 | (1)2.36<br>(2)9.68 |
| L-异亮氨酸 | L-isoleucine(Ile,I) | 131.17 | 285～286d | 4.12 | 6.02 | |
| DL-亮氨酸 | DL-leucine(Leu,L) | 131.17 | 332d | 0.991 | 5.98 | (1)2.36<br>(2)9.60 |

续表

| 中文名称 | 英文名称（缩写及单学符号） | $M_r$ | 熔点 m.p.（℃） | 溶解度 | 等电点 pI | $pK_a$（25℃） |
|---|---|---|---|---|---|---|
| L-亮氨酸 | L-leucine(Leu,L) | 131.17 | 337d | 2.19 | 5.98 | |
| DL-赖氨酸 | DL-lysine(Lys,K) | 146.19 | | | 9.74 | (1)2.18<br>(2)8.95(a-$NH_2$)<br>(3)10.53(ε-$NH_2$) |
| L-赖氨酸 | L-lysine(Lys,K) | 146.19 | 224d | 易溶 | 9.74 | |
| DL-甲硫氨酸(蛋氨酸) | DL-methionine(Met,M) | 149.21 | 281 | 3.38 | 5.74 | (1)2.28<br>(2)9.21 |
| L-甲硫氨酸 | L-methionine(Met,M) | 149.21 | 283d | 易溶 | 5.74 | |
| DL-苯丙氨酸 | DL-phenylalanine(Phe,F) | 165.19 | 318～320 d | 1.42 | 5.48 | (1)1.83<br>(2)9.13 |
| L-苯丙氨酸 | L-phenylalanine(Phe,F) | 165.19 | 293～294 d | 2.96 | 5.48 | |
| DL-脯氨酸 | DL-proline(Pro,P) | 115.13 | 213 | 易溶 | 6.30 | (1)1.99<br>(2)10.6 |
| L-脯氨酸 | L-proline(Pro,P) | 115.13 | 220～222 d | 162.3 | 6.30 | |
| DL-丝氨酸 | DL-serine(Ser,S) | 105.09 | 246 d | 5.02 | 5.68 | (1)2.21<br>(2)9.15 |
| L-丝氨酸 | L-serine(Ser,S) | 105.09 | 223～228d | 2520 | 5.68 | |
| DL-苏氨酸 | DL-threonine(Thr,T) | 119.12 | 235 分解点 | 20.1 | 6.16 | (1)2.63<br>(2)10.43 |
| L-苏氨酸 | L-threonine(Thr,T) | 119.12 | 253 分解点 | 易溶 | 6.16 | |
| DL-色氨酸 | DL-tryptophane(Trp,W) | 204.22 | 283～285 | $0.25^{30}$ | 5.89 | (1)2.38<br>(2)9.39 |
| L-色氨酸 | L-tryptophane(Trp,W) | 204.22 | 281～282 | 1.14 | 5.89 | |
| DL-酪氨酸 | DL-tyrosine(Tyr,Y) | 181.19 | 316 | 0.0351 | 5.66 | (1)2.20(COOH)<br>(2)9.11($NH_2$)<br>(3)10.07(OH) |
| L-酪氨酸 | L-tyrosine(Tyr,Y) | 181.19 | 342.4d | 0.045 | 5.66 | |
| DL-缬氨酸 | DL-valine(Val,V) | 117.15 | 293d | 7.04 | | (1)2.32<br>(2)9.62 |
| L-缬氨酸 | L-valine(Val,V) | 117.15 | 315d | $8.85^{20}$ | 5.965.96 | |

## 七、某些蛋白质的物理性质

下页表所列蛋白质常用作 SDS 凝胶电泳，蔗糖密度梯度离心和凝胶层析的标准。

| 蛋白质(来源) | | M1 | 沉降系数 $S_{20}$，$W \times 10^{13}/S$ | 偏微比容 V /($cm^3$/g) | $A_{280\ nm}$ /(mg/mL) | Stokes 半径 /nm | 亚基数 |
|---|---|---|---|---|---|---|---|
| 细胞色素 c(牛心) | (cytochrome c) | 13 370 | 1.83 | 0.728 | 2.32** | 1.74 | 1 |
| 溶菌酶(鸡蛋清) | (lysozyme) | 13 930 | 1.91 | 0.703 | 2.64 | 2.06 | 1 |
| 核糖核酸酶(牛胰) | (ribonuclease) | 13 700 | 2.00 | 0.707 | 0.73 | 18.0 | 1 |
| 胰蛋白酶抑制剂(大豆) | (trypsin inhibitor) | 22 460 | 2.3 | 0.735 | 1.00 | 22.5 | 1 |
| 碳酸酐酶 | (carbonic anhydrase) (bovine B) | 30 000 | 2.85 | 0.735 | 1.90 | 24.3 | 1 |
| 卵清蛋白(鸡蛋) | (ovalbumin) | 45 000 | 3.55 | 0.746 | 0.736 | 27.6 | 1 |
| 血清清蛋白(牛) | (serum albumin) (bovine*) | 67 000 | 4.31 | 0.732 | 0.667 | 37.0 | 1 |
| 烯醇酶(酵母) | (enolase) | 90 000 | 5.90 | 0.742 | 0.895 | 34.1 | 2 |
| 甘油醛-3-磷酸脱氢酶(兔肌肉) | (glyceraldehyde 3-phosphate dehydro-genase) | 145 000 | 7.60 | 0.737 | 0.815 | 43.0 | 4 |
| 乙醇脱氢酶(酵母) | (alcohol dehydro-genase) | 141 000 | 7.61 | 0.740 | 1.26 | 41.7 | 4 |
| 醛缩酶(兔肌肉) | (aldolase) | 156 000 | 7.35 | 0.742 | 0.938 | 47.4 | 4 |
| 乳酸脱氢酶(牛心) | (lactic dehydrogen-ase) | 136 000 | 7.45 | 0.747 | 0.970 | 40.3 | 4 |
| 过氧化氢酶(牛肝) | (catalase) | 2 475 000 | 11.30 | 0.730 | 1.64 (276 nm) | 52.2 | 4 |

* 常发现含有 5%～10%二聚体(M,133 000)。

** 在 416 nm 为 9.65。

## 八、化学元素的相对原子质量表

| 元素 | 符号 | 相对原子质量($A_r$) | 原子序数 | 元素 | 符号 | 相对原子质量($A_r$) | 原子序数 |
|---|---|---|---|---|---|---|---|
| 锕 | Ac | 227.0 | 89 | 铕 | Eu | 152.0 | 63 |
| 银 | Ag | 107.9 | 47 | 氟 | F | 19.00 | 9 |
| 铝 | Al | 26.98 | 13 | 铁 | Fe | 55.85 | 26 |
| 镅 | Am | [243] | 95 | 镄 | Fm | [257] | 100 |
| 氩 | Ar | 39.95 | 18 | 钫 | Fr | [223] | 87 |
| 砷 | As | 74.92 | 33 | 镓 | Ga | 69.72 | 31 |
| 氮 | N | 14.01 | 7 | 钆 | Gd | 157.3 | 64 |
| 钠 | Na | 22.99 | 11 | 锗 | Ge | 72.61 | 32 |

续表

| 元素 | 符号 | 相对原子质量($A_r$) | 原子序数 | 元素 | 符号 | 相对原子质量($A_r$) | 原子序数 |
|---|---|---|---|---|---|---|---|
| 铌 | Nb | 92.91 | 41 | 氢 | H | 1.008 | 1 |
| 钕 | Nd | 144.2 | 60 | 氦 | He | 4.003 | 2 |
| 氖 | Ne | 20.18 | 10 | 铪 | Hf | 178.5 | 72 |
| 镍 | Ni | 58.69 | 28 | 汞 | Hg | 200.6 | 80 |
| 砹 | At | [210] | 85 | 钬 | Ho | 164.9 | 67 |
| 金 | Au | 197.0 | 79 | 碘 | I | 126.9 | 53 |
| 硼 | B | 10.81 | 5 | 铟 | In | 114.8 | 49 |
| 钡 | Ba | 137.3 | 56 | 铱 | Ir | 192.2 | 77 |
| 铍 | Be | 9.012 | 4 | 钾 | K | 39.10 | 19 |
| 铋 | Bi | 209.0 | 83 | 氪 | Kr | 83.80 | 36 |
| 锫 | Bk | [247]* | 97 | 镧 | La | 138.9 | 57 |
| 溴 | Br | 79.90 | 35 | 锂 | Li | 6.941 | 3 |
| 碳 | C | 12.01 | 6 | 镥 | Lu | 175.0 | 71 |
| 钙 | Ca | 40.08 | 20 | 铹 | Lr | [260] | 103 |
| 镉 | Cd | 112.4 | 48 | 钔 | Md | [258] | 101 |
| 铈 | Ce | 140.1 | 58 | 镁 | Mg | 24.31 | 12 |
| 锎 | Cf | [251] | 98 | 锰 | Mn | 54.94 | 25 |
| 氯 | Cl | 35.45 | 17 | 钼 | Mo | 95.94 | 42 |
| 锔 | Cm | [247] | 96 | 锘 | No | [259] | 102 |
| 钴 | Co | 58.93 | 27 | 镎 | Np | 237 | 93 |
| 铬 | Cr | 52.00 | 24 | 氧 | O | 16.00 | 8 |
| 铯 | Cs | 132.9 | 55 | 锇 | Os | 190.2 | 76 |
| 铜 | Cu | 63.55 | 29 | 磷 | P | 30.97 | 15 |
| 镝 | Dy | 162.5 | 66 | 镤 | Pa | 231.0 | 91 |
| 铒 | Er | 167.3 | 68 | 铅 | Pb | 207.2 | 82 |
| 锿 | Es | [252] | 99 | 钯 | Pd | 106.4 | 46 |
| 钷 | Pm | [147] | 61 | 锶 | Sr | 87.62 | 38 |
| 钋 | Po | [210] | 84 | 钽 | Ta | 180.9 | 73 |
| 镨 | Pr | 140.9 | 59 | 铽 | Tb | 158.9 | 65 |
| 铂 | Pt | 195.1 | 78 | 锝 | Tc | [98] | 43 |
| 钚 | Pu | [244] | 94 | 碲 | Te | 127.6 | 52 |
| 镭 | Ra | 226 | 88 | 钍 | Th | 232.0 | 90 |
| 铷 | Rb | 85.47 | 37 | 钛 | Ti | 47.87 | 22 |
| 铼 | Re | 186.2 | 75 | 铊 | TI | 204.4 | 81 |
| 铑 | Rh | 102.9 | 45 | 铥 | Tm | 168.9 | 69 |
| 氡 | Rn | [222] | 86 | 铀 | U | 238.0 | 92 |

续表

| 元素 | 符号 | 相对原子质量($A_r$) | 原子序数 | 元素 | 符号 | 相对原子质量($A_r$) | 原子序数 |
|---|---|---|---|---|---|---|---|
| 钌 | Ru | 101.1 | 44 | 钒 | V | 50.94 | 23 |
| 硫 | S | 32.07 | 16 | 钨 | W | 183.8 | 74 |
| 锑 | Sb | 121.8 | 51 | 氙 | Xe | 131.3 | 54 |
| 钪 | Sc | 44.96 | 21 | 钇 | Y | 88.91 | 39 |
| 硒 | Se | 78.96 | 34 | 镱 | Yb | 173.0 | 70 |
| 硅 | Si | 28.09 | 14 | 锌 | Zn | 65.39 | 30 |
| 钐 | Sm | 150.4 | 62 | 锆 | Zr | 91.22 | 40 |
| 锡 | Sn | 118.7 | 50 | | | | |

* 相对原子质量加括号的数据为该放射性元素半衰期最长同位素的质量数。

## 九、硫酸铵饱和度的常用表

### 1. 调整硫酸铵溶液饱和度计算表(25 ℃)

| | 硫酸铵终浓度，%饱和度 | | | | | | | | | | | | | | | | |
|---|---|---|---|---|---|---|---|---|---|---|---|---|---|---|---|---|---|
| | 10 | 20 | 25 | 30 | 33 | 35 | 40 | 45 | 50 | 55 | 60 | 65 | 70 | 75 | 80 | 90 | 100 |
| 硫酸铵初浓度，%饱和度 | 每升溶液加固体硫酸铵的量(g) | | | | | | | | | | | | | | | | |
| 0 | 56 | 114 | 144 | 176 | 196 | 209 | 243 | 277 | 313 | 351 | 390 | 430 | 472 | 516 | 561 | 662 | 767 |
| 10 | | 57 | 86 | 118 | 137 | 150 | 183 | 216 | 251 | 288 | 326 | 365 | 406 | 449 | 494 | 592 | 694 |
| 20 | | | 29 | 59 | 78 | 91 | 123 | 155 | 190 | 225 | 262 | 300 | 340 | 382 | 424 | 520 | 619 |
| 25 | | | | 30 | 49 | 61 | 93 | 125 | 158 | 193 | 230 | 267 | 307 | 348 | 390 | 485 | 583 |
| 30 | | | | | 19 | 30 | 62 | 94 | 127 | 162 | 198 | 235 | 273 | 314 | 356 | 449 | 546 |
| 33 | | | | | | 12 | 43 | 74 | 107 | 142 | 177 | 214 | 252 | 292 | 333 | 426 | 522 |
| 35 | | | | | | | 31 | 63 | 94 | 129 | 164 | 200 | 238 | 278 | 319 | 411 | 506 |
| 40 | | | | | | | | 31 | 63 | 97 | 132 | 168 | 205 | 245 | 285 | 375 | 469 |
| 45 | | | | | | | | | 32 | 65 | 99 | 134 | 171 | 210 | 250 | 339 | 431 |
| 50 | | | | | | | | | | 33 | 66 | 101 | 137 | 176 | 214 | 302 | 392 |
| 55 | | | | | | | | | | | 33 | 67 | 103 | 141 | 179 | 264 | 353 |
| 60 | | | | | | | | | | | | 34 | 69 | 105 | 143 | 227 | 314 |
| 65 | | | | | | | | | | | | | 34 | 70 | 107 | 190 | 275 |
| 70 | | | | | | | | | | | | | | 35 | 72 | 153 | 237 |
| 75 | | | | | | | | | | | | | | | 36 | 115 | 198 |
| 80 | | | | | | | | | | | | | | | | 77 | 157 |
| 90 | | | | | | | | | | | | | | | | | 79 |

注：每升溶液加固体硫酸铵的量，是指在 25 ℃下，硫酸铵溶液由初浓度调到终浓度时，每升溶液所加固体硫酸铵的量(g)。

2. 调整硫酸铵溶液饱和度计算表(0 ℃)

| 硫酸铵初浓度，%饱和度 | 在 0 ℃硫酸铵终浓度，%饱和度 | | | | | | | | | | | | | | | | |
|---|---|---|---|---|---|---|---|---|---|---|---|---|---|---|---|---|---|
| | 20 | 25 | 30 | 35 | 40 | 45 | 50 | 55 | 60 | 65 | 70 | 75 | 80 | 85 | 90 | 95 | 100 |
| | 每 100 mL 溶液加固体硫酸铵的量(g) | | | | | | | | | | | | | | | | |
| 0 | 10.6 | 13.4 | 16.4 | 19.4 | 22.6 | 25.8 | 29.1 | 32.6 | 36.1 | 39.8 | 43.6 | 47.6 | 51.6 | 55.9 | 60.3 | 65.0 | 69.7 |
| 5 | 7.9 | 10.8 | 13.7 | 16.6 | 19.7 | 22.9 | 26.2 | 29.6 | 33.1 | 36.8 | 40.5 | 44.4 | 48.4 | 52.6 | 57.0 | 61.5 | 66.2 |
| 10 | 5.3 | 8.1 | 10.9 | 13.9 | 16.9 | 20.0 | 23.3 | 26.6 | 30.1 | 33.7 | 37.4 | 41.2 | 45.2 | 49.3 | 53.6 | 58.1 | 62.7 |
| 15 | 2.6 | 5.4 | 8.2 | 11.1 | 14.1 | 17.2 | 20.4 | 23.7 | 27.1 | 30.6 | 34.3 | 38.1 | 42.0 | 45.0 | 50.3 | 54.7 | 59.2 |
| 20 | 0 | 2.7 | 5.5 | 8.3 | 11.3 | 14.3 | 17.5 | 20.7 | 24.1 | 27.6 | 31.2 | 34.9 | 38.7 | 42.7 | 46.9 | 51.2 | 55.7 |
| 25 | | 0 | 2.7 | 5.6 | 8.4 | 11.5 | 14.6 | 17.9 | 21.1 | 24.5 | 28.0 | 31.7 | 35.5 | 39.5 | 43.6 | 47.8 | 52.2 |
| 30 | | | 0 | 2.8 | 5.6 | 8.6 | 11.7 | 14.8 | 18.1 | 21.4 | 24.9 | 28.5 | 32.3 | 36.2 | 40.2 | 44.5 | 48.8 |
| 35 | | | | 0 | 2.8 | 5.7 | 8.7 | 11.8 | 15.1 | 18.4 | 21.8 | 25.4 | 29.1 | 32.9 | 36.9 | 41.0 | 45.3 |
| 40 | | | | | 0 | 2.9 | 5.8 | 8.9 | 12.0 | 15.3 | 18.7 | 22.2 | 25.8 | 29.6 | 33.5 | 37.6 | 41.8 |
| 45 | | | | | | 0 | 2.9 | 5.9 | 9.0 | 12.3 | 15.6 | 19.0 | 22.6 | 26.3 | 30.2 | 34.2 | 38.3 |
| 50 | | | | | | | 0 | 3.0 | 6.0 | 9.2 | 12.5 | 15.9 | 19.4 | 23.0 | 26.8 | 30.8 | 34.8 |
| 55 | | | | | | | | 0 | 3.0 | 6.1 | 9.3 | 12.7 | 16.1 | 19.7 | 23.5 | 27.3 | 31.3 |
| 60 | | | | | | | | | 0 | 3.1 | 6.2 | 9.5 | 12.9 | 16.4 | 20.1 | 23.1 | 27.9 |
| 65 | | | | | | | | | | 0 | 3.1 | 6.3 | 9.7 | 13.2 | 16.8 | 20.5 | 24.4 |
| 70 | | | | | | | | | | | 0 | 3.2 | 6.5 | 9.9 | 13.4 | 17.1 | 20.9 |
| 75 | | | | | | | | | | | | 0 | 3.2 | 6.6 | 10.1 | 13.7 | 17.4 |
| 80 | | | | | | | | | | | | | 0 | 3.3 | 6.7 | 10.3 | 13.9 |
| 85 | | | | | | | | | | | | | | 0 | 3.4 | 6.8 | 10.5 |
| 90 | | | | | | | | | | | | | | | 0 | 3.4 | 7.0 |
| 95 | | | | | | | | | | | | | | | | 0 | 3.5 |
| 100 | | | | | | | | | | | | | | | | | 0 |

注：每 100 mL 溶液加固体硫酸铵的量(g)，是指在 0 ℃下，硫酸铵溶液由初浓度调到终浓度时，每 100 mL 溶液所加固体硫酸铵的量(g)。

3. 不同温度下的饱和硫酸铵溶液

| 温度(℃) | 0 | 10 | 20 | 25 | 30 |
|---|---|---|---|---|---|
| 每 1 000 g 水中含硫酸铵的量(mol) | 5.35 | 5.53 | 5.73 | 5.82 | 5.91 |
| 质量百分数 | 41.42 | 42.22 | 43.09 | 43.47 | 43.85 |
| 1 000 mL 水用硫酸铵饱和所需质量(g) | 706.8 | 730.5 | 755.8 | 766.8 | 777.5 |
| 每升饱和硫酸铵质量(g) | 514.8 | 525.2 | 536.5 | 541.2 | 545.9 |
| 饱和溶液浓度(mol/L) | 3.90 | 3.97 | 4.06 | 4.10 | 4.13 |

# 十、层析法常用数据表

## 1. 离子交换纤维素的技术数据

| DEAE-纤维素 | 形状 | 长度(μm) | 交换当量(mmol/g) | 蛋白质吸附容量(mg/g) | | 床体积(mL/g) | |
|---|---|---|---|---|---|---|---|
| | | | | 胰岛素(pH 8.5) | 牛血清白蛋白(pH 8.5) | pH 6.0 | pH 7.5 |
| DE-22 | 改良纤维性 | 12～400 | 1.0±0.1 | 750 | 450 | 7.7 | 7.7 |
| DE-23 | DE-22(除细粒) | 18～400 | 1.0±0.1 | 750 | 450 | 8.3 | 9.1 |
| DE-32 | 微粒性(干粉) | 24～63 | 1.0±0.1 | 850 | 660 | 6.0 | 6.3 |
| DE-52 | DE-32(溶胀) | 24～63 | 1.0±0.1 | 850 | 660 | 6.0 | 6.3 |
| CM-纤维素 | 形状 | 长度(μm) | 交换当量(mmol/g) | 溶菌酶(pH5.0) | 7Sγ 球蛋白(pH5.0) | pH 5.0 | pH 7.5 |
| CM-22 | 改良纤维性 | 12～400 | 0.6±0.06 | 600 | 150 | 7.7 | 7.7 |
| CM-23 | CM-22(除细粒) | 18～400 麸 | 0.6±0.06 | 600 | 150 | 9.1 | 9.1 |
| CM-32 | 微粒性(干粉) | 24～63 | 1.0±0.1 | 1 260 | 400 | 6.8 | 6.7 |
| CM-52 | CM-32(溶胀) | 24～63 | 1.0±0.1 | 1 260 | 400 | 6.8 | 6.7 |

注:DE-22 为英国 Whatman 厂的型号,原来有旧型号如 DE-1,为长纤维性,长度 1 000 μm。还有 DE-11,纤维性,长度 50～250 μm,对牛血清白蛋白的吸附容量仅为 130 mg/g。

## 2. 聚丙烯酰胺凝胶的技术数据

| 型号 | 排阻的下限(M,) | 分级分离的范围(Mr) | 膨胀后的床体积(mL/g 干凝胶) | 膨胀所需最少时间(室温,h) |
|---|---|---|---|---|
| Bio-gel-P-2 | 1 600 | 200～2 000 | 3.8 | 2～4 |
| Bio-gel-P-4 | 3 600 | 500～4 000 | 5.8 | 2～4 |
| Bio-gel-P-6 | 4 600 | 1 000～5 000 | 8.8 | 2～4 |
| Bio-gel-P-10 | 10 000 | 5 000～17 000 | 12.4 | 2～4 |
| Bio-gel-P-30 | 30 000 | 20 000～50 000 | 14.9 | 10～12 |
| Bio-gel-P-60 | 60 000 | 30 000～70 000 | 19.0 | 10～12 |
| Bio-gel-P-100 | 100 000 | 40 000～100 000 | 19.0 | 24 |
| Bio-gel-P-150 | 150 000 | 50 000～150 000 | 24.0 | 24 |
| Bio-gel-P-200 | 200 000 | 80 000～300 000 | 34.0 | 48 |
| Bio-gel-P-300 | 300 000 | 100 000～400 000 | 40.0 | 48 |

## 3. 琼脂糖凝胶的技术数据

| 琼脂糖 | 2B | CL-2B | 4B | CL-4B | 6B | CL-6B |
|---|---|---|---|---|---|---|
| 琼脂糖含量(%) | 2 | 2 | 4 | 4 | 6 | 6 |
| 分离范围 | | | | | | |
| 球蛋 | $7\times10^4$～$4\times10^7$ | $7\times10^4$～$4\times10^7$ | $6\times10^4$～$2\times10^7$ | $6\times10^4$～$2\times10^7$ | $1\times10^4$～$4\times10^6$ | $1\times10^4$～$4\times10^6$ |

续表

| 多糖 | $1\times10^6$～$2\times10^7$ | $1\times10^5$～$2\times10^7$ | $3\times10^4$～$5\times10^6$ | $3\times10^4$～$5\times10^6$ | $1\times10^4$～$1\times10^6$ | $1\times10^4$～$1\times10^6$ |
|---|---|---|---|---|---|---|
| DNA 排阻限(bp) | 1 353 | 1 353 | 872 | 872 | 194 | 194 |
| 颗粒范围(μm) | 60～200 | 60～200 | 45～165 | 45～165 | 45～165 | 45～165 |
| pH 稳定度(长时) | 4～9 | 3～13 | 4～9 | 3～13 | 4～9 | 3～13 |
| pH 稳定度(短时) | 3～11 | 2～14 | 3～11 | 2～14 | 3～11 | 2～14 |
| 灭菌 | C | A | C | A | C | A |
| 最大体积流量(mL/min) | 0.83 | 1.2 | 0.96 | 2.17 | 1.16 | 2.5 |
| 最大线性流速(cm/h) | 10 | 15 | 11.5 | 26 | 14 | 30 |

注:灭菌方式:A 代表化学消毒;C 代表 pH 7 时可于 120 ℃高压灭菌 30 min。

4. 琼脂糖凝胶 Bio-Gel A 型的数据

| 型号 Bio-Gel A | 规格 | 颗粒直径(湿,μm) | 粒度(湿球) | 琼脂糖含量(%) | 分级范围(球蛋白) | 排阻限核酸(bp) | 最大承受压力($cmH_2O$) | 流速(cm/h) |
|---|---|---|---|---|---|---|---|---|
| A-0.5m | 粗 | 150～300 | 50～100 | 10 | $1\times10^4$～$5\times10^5$ | 200 | >100 | 20～25 |
| | 中 | 75～150 | 100～200 | | | | | 15～20 |
| | 细 | 38～75 | 200～400 | | | | | 7～13 |
| A-1.5m | 粗 | 150～300 | 50～100 | 8 | $1\times10^4$～$1.5\times10^6$ | 750 | >100 | 20～25 |
| | 中 | 75～150 | 100～200 | | | | | 15～20 |
| | 细 | 38～75 | 200～400 | | | | | 7～13 |
| A-5m | 粗 | 150～300 | 50～100 | 6 | $1\times10^4$～$5\times10^6$ | 2 000 | >100 | 20～25 |
| | 中 | 75～150 | 100～200 | | | | | 15～20 |
| | 细 | 38～75 | 200～400 | | | | | 7～13 |
| A-15m | 粗 | 150～300 | 50～100 | 4 | $4\times10^4$～$1.5\times10^7$ | 7 000 | 90 | 20～25 |
| | 中 | 75～150 | 100～200 | | | | | 15～20 |
| | 细 | 38～75 | 200～400 | | | | | 7～13 |
| A-50m | 粗 | 150～300 | 50～100 | 2 | $1\times10^5$～$5\times10^7$ | 20 000 | 50 | 20～25 |
| | 中 | 75～150 | 100～200 | | | | | 5～15 |
| | 细 | 38～75 | 200～400 | | | | | 7～13 |
| A-150m | 粗 | 150～300 | 50～100 | 1 | $1\times10^6$～$1.5\times10^8$ | 70 000 | 20 | 5～10 |
| | 细 | 75～150 | 100～200 | | | | | 5～15 |

注:1 cm $H_2O$=98.066 5 Pa。

5. 离子交换层析介质的技术数据

| 离子交换介质名称 | 最高载量 | 颗粒大小（μm） | 特性/应用 | pH稳定性工作（清洗） | 耐压（MPa） | 最快流速（cm/h） |
| --- | --- | --- | --- | --- | --- | --- |
| SOURCE 15 Q | 25 mg蛋白质 | 15 | | 2～12 | 4 | 1 800 |
| SOURCE 15 S | 25 mg蛋白质 | 15 | | 2～12 | 4 | 1 800 |
| Q Sepharose H. P. | 70 mg牛血清白蛋白 | 24～44 | | 2～12 | 0.3 | 150 |
| Q Sepharose H. P. | 55 mg核糖核酸酶 | 24～44 | | 3～12 | 0.3 | 150 |
| Q Sepharose F. F. | 120 mg HSA | 45～165 | | 2～12 | 0.2 | 400 |
| SP Sepharose F. F. | 75 mg HSA | 45～165 | | 4～13 | 0.2 | 400 |
| DEAE Sepharose F. F | 110 mg HSA | 45～165 | | 2～9 | 0.2 | 300 |
| CM Sepharose F. F. | 50 mg核糖核酸酶 | 45～165 | | 6～13 | 0.2 | 300 |
| Q Sepharose Big Beads | | 100～300 | | 2～12 | 0.3 | 1 200～1 800 |
| SP Sepharose Big Beads | 60 mg HSA | 100～300 | | 4～12 | 0.3 | 1 200～1 800 |
| QAE Sephadex A-25 | 1.5 mg甲状腺球蛋白，10 mg人血清白蛋白 | 干粉40～120 | 纯化低分子质量蛋白质、多肽、核苷以及巨大分子（$M_r$>200 000），在工业传统应用上具有重要作用 | 2～10 | 0.11 | 475 |
| QAE Sephadex A-50 | 1.2 mg甲状腺球蛋白，80 mg人血清 | 干粉40～120 | 批量生产分离中等大小的生物分子（$M_r$为30～200 000） | 2～11 | 0.01 | 45 |
| SP Sephadex C-25 | 1.1 mg IgG，70 mg牛碳氧血红蛋白，230 mg核糖核酸酶 | 干粉40～120 | 纯化低分子质量蛋白质、多肽、核苷以及巨大分子（$M_r$>200 000），在工业传统应用上具有重要作用 | 2～10 | 0.13 | 475 |

续表

| 离子交换介质名称 | 最高载量 | 颗粒大小(μm) | 特性/应用 | pH稳定性工作(清洗) | 耐压(MPa) | 最快流速(cm/h) |
|---|---|---|---|---|---|---|
| SP Sephadex C-50 | 8 mg IgG,110 mg 牛碳氧血红蛋白 | 干粉 40～120 | 批量生产分离中等大小的生物分子($M_r$ 为 30～200 000) | 2～10 | 0.01 | 45 |
| DEAE SP Sephadex A-25 | 1 mg 甲状腺球蛋白,30 mg 人血清白蛋白、140 mg α乳清蛋白 | 干粉 40～120 | 纯化低分子质量蛋白质、多肽、核苷以及巨大分子($M_r$>200 000),在工业传统应用上具有重要作用 | 2～9 | 0.11 | 475 |
| DEAE SP Sephadex A-50 | 2 mg 甲状腺球蛋白,110 mg 人血清 120 白蛋白 | 干粉 40～120 | 批量生产分离中等大小的生物分子($M_r$ 为 30～200 000),在工业传统应用上具有重要作用 | 2～9 | 0.11 | 45 |
| CM Sephadex C-25 | 1.6 mg IgG,70 mg 牛碳氧血红蛋白,190 mg 核糖核酸酶 | 干粉 40～120 | 纯化低分子质量蛋白质、多肽、核苷以及巨大分子($M_r$>200 000),在工业传统应用上具有重要作用 | 6～13 | 0.13 | 475 |
| CM Sephadex C-50 | 7 mg IgG,140 mg 牛碳氧血红蛋白,120 mg 核糖核酸酶 | 干粉 40～120 | 批量生产分离中等大小的生物分子($M_r$ 为 30～200 000) | 6～10 | 0.01 | 45 |

6. 凝胶过滤层析介质的技术数据

(一)

| 凝胶过滤介质名称 | 分离范围 | 颗粒大小(μm) | 特性/应用 | pH 稳定性工作(清洗) | 耐压(MPa) | 最快流速(cm/h) |
|---|---|---|---|---|---|---|
| Superdex 30 | <10 000 | 24～44 | 肽类、寡糖、小蛋白质等 | 3～12 | 0.3 | 100 |
| Superdex 75 | 3 000～70 000 | 24～44 | 重组蛋白、细胞色素 | 3～12 | 0.3 | 100 |
| Superdex200 | 10 000～600 000 | 24～44 | 单抗、大蛋白质 | 3～12 | 0.3 | 100 |
| Superose 6 | 5 000～5×10$^6$ | 20～40 | 蛋白质、肽类、多糖、核酸 | 3～12 | 0.4 | 30 |
| Superose 12 | 1 000～300 000 | 20～40 | 蛋白质、肽类、寡糖、多糖 | 3～12 | 0.7 | 30 |
| Sephacryl S-100HR | 1 000～100 000 | 25～75 | 肽类、小蛋白质 | 3～11 | 0.2 | 20～39 |
| Sephacryl S-200 HR | 5 000～250 000 | 25～75 | 蛋白质，如清蛋白 | 3～11 | 0.2 | 20～39 |
| Sephacryl S-300 HR | 10 000～1.5×10$^6$ | 25～75 | 蛋白质、抗体 | 3～11 | 0.2 | 20～39 |
| Sephacryl S-400 HR | 20 000～8×10$^6$ | 25～75 | 多糖、具延伸结构的大分子(如蛋白多糖、脂质体) | 3～11 | 0.2 | 20～39 |
| Sephacryl S-500 HR | 葡聚糖 40 000～2×10$^7$ DNA<1 078 bp | 25～75 | 大分子如 DNA 限制片段 | 3～11 | 0.2 | 20～39 |
| Sephacryl S-1 000 SF | 葡聚糖 5×10$^5$～1×10$^8$ DNA<1 078 bp | 40～105 | DNA、巨大多糖、蛋白多糖、小颗粒如膜结合囊或病毒 | 3～11 | 未经测试 | 40 |
| Sepharose 6 Fast Flow | 10 000～4×10$^6$ | 平均 90 | 巨大分子 | 2～12 | 0.1 | 300 |
| Sepharose 4 Fast Flow | 60 000～20×10$^6$ | 平均 90 | 巨大分子如重组乙型肝炎表面抗原 | 2～12 | 0.1 | 250 |
| Sepharose 2B | 70 000～40×10$^6$ | 60～200 | 蛋白质、大分子复合物、病毒、不对称分子如核酸和多糖(蛋白多糖) | 4～9 | 0.004 | 10 |
| Sepharose 4B | 60 000～20×10$^6$ | 45～165 | 蛋白质、多糖 | 4～9 | 0.008 | 11.5 |

续表

| 凝胶过滤介质名称 | 分离范围 | 颗粒大小(μm) | 特性/应用 | pH 稳定性工作(清洗) | 耐压(MPa) | 最快流速(cm/h) |
|---|---|---|---|---|---|---|
| Sepharose 6B | 10 000～$4\times10^6$ | 45～165 | 蛋白质、多糖 | 4～9 | 0.02 | 14 |
| Sepharose CL-2B | 70 000～$40\times10^6$ | 60～200 | 蛋白质、大分子复合物、病毒、不对称分子如核酸和多糖 | 3～13 | 0.005 | 15 |
| Sepharose CL-4B | 60 000～$20\times10^5$ | 45～165 | 蛋白质、多糖 | 3～13 | 0.012 | 26 |
| Sepharose CL-6B | 10 000～$4\times10^6$ | 45～165 | 蛋白质、多糖 | 3～13 | 0.02 | 30 |

(二)

| 凝胶过滤介质名称 | 分离范围 | 颗粒大小(μm) | 特性/应用 | pH 稳定性工作(清洗) | 干凝胶溶胀体积(mL/g) | 溶胀最少平衡时间(h) | | 最快流速(cm/h) |
|---|---|---|---|---|---|---|---|---|
| | | | | | | 室温 | 沸水 | |
| Sephadex G-10 | <700 | 干粉 40～120 | | 2～13 | 2～3 | 3 | 1 | 2～5 |
| Sephadex G-15 | <1 500 | 干粉 40～120 | | 2～13 | 2.5～3.5 | 3 | 1 | 2～5 |
| Sephadex G-25 Coarse | 1 000～5 000 | 干粉 100～300 | 工业上脱盐及交换缓冲液用 | 2～13 | 4～6 | 6 | 2 | 2～5 |
| Sephadex G-25 Medium | 1 000～5 000 | 干粉 50～150 | 工业上脱盐及交换缓冲液用 | 2～13 | 4～6 | 6 | 2 | 2～5 |
| Sephadex G-25 Fine | 1 000～5 000 | 干粉 20～80 | 工业上脱盐及交换缓冲液用 | 2～13 | 4～6 | 6 | 2 | 2～5 |
| Sephadex G-25 Superfine | 1 000～5 000 | 干粉 10～40 | 工业上脱盐及交换缓冲液用 | 2～13 | 4～6 | 6 | 2 | 2～5 |
| Sephadex G-50 Coarse | 1 500～30 000 | 干粉 100～300 | 小分子蛋白质分离 | 2～10 | 9～11 | 6 | 2 | 2～5 |
| Sephadex G-50 Medium | 1 500～30 000 | 干粉 50～150 | 小分子蛋白质分离 | 2～10 | 9～11 | 6 | 2 | 2～5 |
| Sephadex G-50 Fine | 1 500～30 000 | 干粉 20～80 | 小分子蛋白质分离 | 2～10 | 9～11 | 6 | 2 | 2～5 |
| Sephadex G-50 Superfine | 1 500～30 000 | 干粉 20～80 | 小分子蛋白质分离 | 2～10 | 9～11 | 6 | 2 | 2～5 |
| Sephadex G-75 | 3 000～80 000 | 干粉 40～120 | 中等蛋白质分离 | 2～10 | 12～15 | 24 | 3 | 72 |
| Sephadex G-75 Superfine | 3 000～70 000 | 干粉 10～40 | 中等蛋白质分离 | 2～10 | 12～15 | 24 | 3 | 16 |

续表

| 凝胶过滤介质名称 | 分离范围 | 颗粒大小（μm） | 特性/应用 | pH 稳定性工作（清洗） | 干凝胶溶胀体积（mL/g） | 溶胀最少平衡时间(h) | | 最快流速（cm/h） |
|---|---|---|---|---|---|---|---|---|
| | | | | | | 室温 | 沸水 | |
| Sephadex G-100 | 3 000～70 000 | 干粉 40～120 | 中等蛋白质分离 | 2～10 | 15～20 | 48 | 5 | 47 |
| Sephadex G-100 Superfine | 4 000～$1\times10^5$ | 干粉 10～40 | 中等蛋白质分离 | 2～10 | 15～20 | 48 | 5 | 11 |
| Sephadex G-150 | 5 000～$3\times10^5$ | 干粉 40～120 | 稍大蛋白质分离 | 2～10 | 20～30 | 72 | 5 | 21 |
| Sephadex G-150 Superfine | 5 000～$1.5\times10^5$ | 干粉 10～40 | 稍大蛋白质分离 | 2～10 | 18～22 | 72 | 5 | 5.6 |
| Sephadex G-200 | 5 000～$6\times10^5$ | 干粉 40～120 | 较大蛋白质分离 | 2～10 | 30～40 | 72 | 5 | 11 |
| Sephadex G-200 Superfine | 5 000～$6\times10^5$ | 干粉 10～40 | 较大蛋白质分离 | 2～10 | 20～25 | 72 | 5 | 2.8 |
| Sephadex LH20(嗜脂性) | 100～4 000 | 干粉 25～106 | 特别为使用有机溶剂而设计。适合分离脂类、胆固醇、脂肪酸、激素、维生素及其他小生物分子。此分离范围指以酒精为溶剂的分离 | | | | | |

## 十一、常见蛋白质等电点参考值(pH)

| 蛋白质 | pI | 蛋白质 | pI |
|---|---|---|---|
| 鲑精蛋白[salmine] | 12.1 | α 卵类黏蛋白 [a-ovomucoid] | 3.83～4.41 |
| 鲱精蛋白[clupeine] | 12.1 | α1 黏蛋白[α1-mucoprotein] | 1.8～2.7 |
| 鲟精蛋白 [sturine] | 11.71 | 卵黄类黏蛋白[vitellomucoid] | 5.5 |
| 胸腺组蛋白[thymohistone] | 10.8 | 尿促性腺激素 [urinary gonadotropin] | 3.2～3.3 |
| 珠蛋白(人)[globin(human)] | 7.5 | 溶菌酶[lysozyme] | 11.0～11.2 |
| 卵白蛋白 [ovalbumin] | 4.71;4.59 | 肌红蛋白[myoglobin] | 6.99 |
| 伴清蛋白[conalbumin] | 6.8;7.1 | 血红蛋白(人)[hemoglobin(human)] | 7.07 |
| 血清白蛋白 [serum albumin] | 4.7～4.9 | 血红蛋白(鸡)[hemoglobin(hen)] | 7.23 |
| 肌清蛋白[myoalbumin] | 3.5 | 血红蛋白(马)[hemoglobin(horse)] | 6.92 |
| 肌浆蛋白 [myogen] | 6.3 | 血蓝蛋白[hemocyanin] | 4.6～6.4 |
| β 乳球蛋白[β-lactoglobulin] | 5.1～5.3 | 蚯蚓血红蛋白[hemérythrin] | 5.6 |
| 卵黄蛋白[livetin] | 4.8～5.0 | 血绿蛋白 [green blood protein] | 4.3～4.5 |
| γ1 球蛋白(人)[y1globulin (human)] | 5.8;6.6 | 无脊椎血红蛋白[erythrocruorin] | 4.6～6.2 |
| γ2 球蛋白(人)[Y2globulin(human)] | 7.3;8.2 | 细胞色素 c[cytochrome c] | 9.8～10.1 |
| 肌球蛋白 A[myosin A] | 5.2～5.5 | 视紫质[rhodopsin] | 4.47～4.57 |
| 原肌球蛋白[tropomyosin] | 5.1 | 促凝血酶原激酶[thromboplastin] | 5.2 |
| 铁传递蛋白 [siderophilin] | 5.9 | α1 脂蛋白 [α1-lipoprotein] | 5.5 |
| 胎球蛋白[fetuin] | 3.4～3.5 | β1 脂蛋白[β1-lipoprotein] | 5.4 |
| 血纤蛋白原[fibrinogen] | 5.5～5.8 | β 卵黄脂磷蛋白[β-lipovitellin] | 5.9 |
| α 眼晶体蛋白 [α-crystallin] | 4.8 | 芜菁黄花叶病毒[turnip yellow mosaic virus] | 3.75 |
| β 眼晶体蛋白[β-crystallin] | 6.0 | 牛痘病毒 [vaccinia virus] | 5.3 |
| 花生球蛋白 [arachin] | 5.1 | 生长激素[somatoropin] | 6.85 |
| 伴花生球蛋白[conarachin] | 3.9 | 催乳激素[prolactin] | 5.73 |
| 角蛋白类[keratin] | 3.7～5.0 | 胰岛素[insulin] | 5.35 |
| 还原角蛋白[keratein] | 4.6～4.7 | 胃蛋白酶[pepsin] | 1.0 |
| 胶原蛋白[collagen] | 6.5～6.8 | 糜蛋白酶(胰凝乳蛋白酶)[chymotrypsin] | 8.1 |
| 鱼胶 [ichthyocolla] | 4.8～5.2 | 牛血清白蛋白[bovine serum albumin] | 4.9 |
| 白明胶[gelatin] | 4.7～5.0 | 核糖核酸酶(牛胰)[ribonuclease 或 | 7.8 |
| α 酪蛋白[a-casein] | 4.0～4.1 | RNase(bovine pancreas)] | |
| β 酪蛋白[β-casein] | 4.5 | 甲状腺球蛋白[thyroglobulin] | 4.58 |
| γ 酪蛋白[y-casein] | 5.8～6.0 | 胸腺核组蛋白[thymonucleohistone] | 4 左右 |

# 参考文献

[1] 罗献梅,甘玲. 动物生物化学实验. 重庆:西南师范大学出版社,2013.

[2] 陈钧辉,李俊. 生物化学实验(第 5 版). 北京:科学出版社,2014.

[3] 刘维全. 动物生物化学实验指导(第 4 版). 北京:中国农业出版社,2008.

[4] 魏群. 基础生物化学实验(第 3 版). 北京:高等教育出版社,2009.

[5] 黄卓烈,巫光弘,何平等. 生物化学实验技术(第 2 版). 北京:中国农业大学出版社,2016.

[6] 张桦. 生物化学实验指导. 北京:中国农业大学出版社,2014.

[7] 马文丽,李凌. 生物化学与分子生物学实验指导. 北京:人民军医出版社,2011.

[8] 祁元明,高艳锋,张守涛. 生物化学实验原理与技术. 北京:化学工业出版社,2011.

[9] 魏群. 生物化学与分子生物学综合大实验. 北京:化学工业出版社,2007.

[10] 董晓燕. 生物化学.(第 2 版). 北京:高等教育出版社,2015.

[11] 朱圣庚,徐长法. 生物化学(上册).(第 4 版). 北京:高等教育出版社,2016.

[12] 朱圣庚,徐长法. 生物化学(下册)(第 4 版). 北京:高等教育出版社,2016.

[13] 田亚平,周楠迪. 生化分离原理与技术. 北京:化学工业出版社,2010.

[14] 杨志敏. 生物化学实验. 北京:高等教育出版社,2015.

[15] 武金霞. 生物化学实验教程. 北京:科学出版社,2012.

[16] 龚朝辉,郭俊明. 生物化学与分子生物学实验指导. 杭州:浙江大学出版社,2012.

[17] 李留安,袁学军. 动物生物化学实验指导 (第 2 版). 北京:清华大学出版社,2022.

[18] 饶瑜,唐洁. 生物化学实验指导(第 2 版). 北京:中国轻工业出版社,2021.

[19] 张桦,潘晓丽. 生物化学实验指导(第 2 版). 北京:中国农业大学出版社,2020.

[20] 张志勇. 生物化学实验指导教程. 北京:化学工业出版社,2022.

[21] 李俊,张冬梅. 陈钧辉,等. 生物化学实验(第 6 版). 北京:科学出版社,2020.

[22] 叶棋浓. 现代分子生物学技术及实验技巧. 北京:化学工业出版社,2018.

[23] 宋方洲.何凤田.生物化学与分子生物学实验.北京:科学出版社,2008.
[24] 刘志国. 生物化学实验.武汉:华中科技大学出版社,2007.
[25] 朱月春,杨银峰. 生物化学与分子生物学实验教程.北京:科学出版社,2015.
[26] 郑红花，苏振宏. 生物化学与分子生物学实验.北京:华中科技大学出版社,2020.
[27] 杨建雄. 生物化学与分子生物学实验技术教程.第 3 版.北京:科学出版社,2014.